爱游戏，就爱数学王

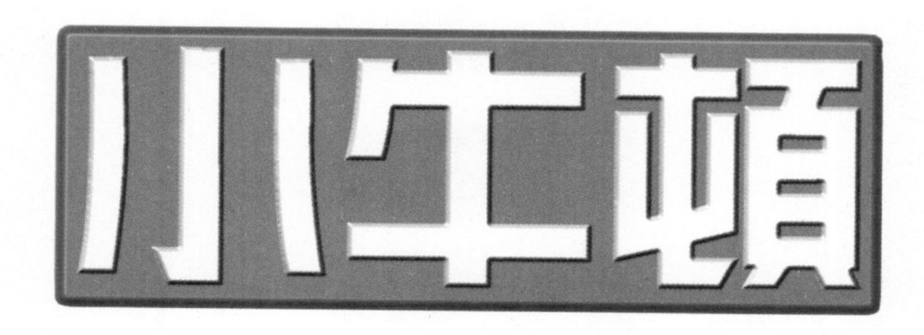

Mathematics Little Newton Encyclopedia

数学王

小数的计算

牛顿出版股份有限公司◎编

四川少年儿童出版社

图书在版编目（CIP）数据

小数的计算 / 牛顿出版股份有限公司编. -- 成都 : 四川少年儿童出版社，2018.1
（小牛顿数学王）
ISBN 978-7-5365-8739-7

Ⅰ. ①小… Ⅱ. ①牛… Ⅲ. ①数学－少年读物 Ⅳ. ①01-49

中国版本图书馆CIP数据核字(2017)第326505号
四川省版权局著作权合同登记号：图进字21-2018-09

出 版 人：常　青
项目统筹：高海潮
责任编辑：王晗笑　秦　蕊
封面设计：汪丽华
美术编辑：刘婉婷　徐小如
责任印制：王　春

XIAONIUDUN SHUXUEWANG · XIAOSHUDEJISUAN

书　　名：小牛顿数学王·小数的计算
出　　版：四川少年儿童出版社
地　　址：成都市槐树街2号
网　　址：http://www.sccph.com.cn
网　　店：http://scsnetcbs.tmall.com
经　　销：新华书店
印　　刷：艺堂印刷（天津）有限公司
成品尺寸：275mm×210mm
开　　本：16
印　　张：3.25
字　　数：65千
版　　次：2018年4月第1版
印　　次：2018年4月第1次印刷
书　　号：ISBN 978-7-5365-8739-7
定　　价：19.80元

台湾牛顿出版股份有限公司授权出版

地址：成都市槐树街2号四川出版大厦六层
四川少年儿童出版社市场营销部　　邮编：610031
咨询电话：028-86259237　　86259232

目录

1 乘以小数的计算

小数乘以小数的问题

◉列式方法

小数乘以小数的问题，是在什么时候使用的呢？让我们来想想看。

● **在 4.5 分钟内装入的水量**

在大的水槽中装水，如果平均 1 分钟可以装进 2.4 升的水，那么 4.5 分钟可以装入几升？

如果在 2 分钟和 3 分钟内装进的水量，可以用 2.4（升）×2 和 2.4（升）×3 来计算，那么 4.5 分钟内装入的水量也可以用乘法来计算吗？

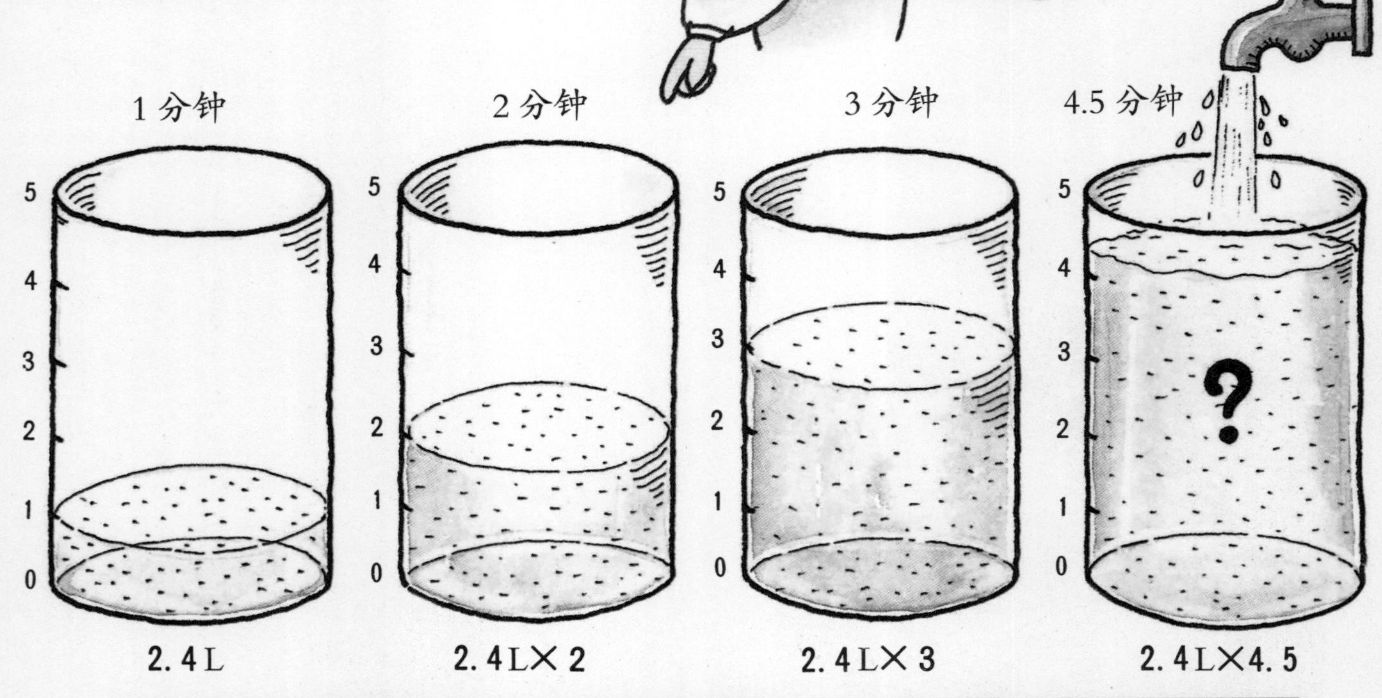

（1 分钟装入的水量）×（时间）＝（总共的水量）

◆小美的想法

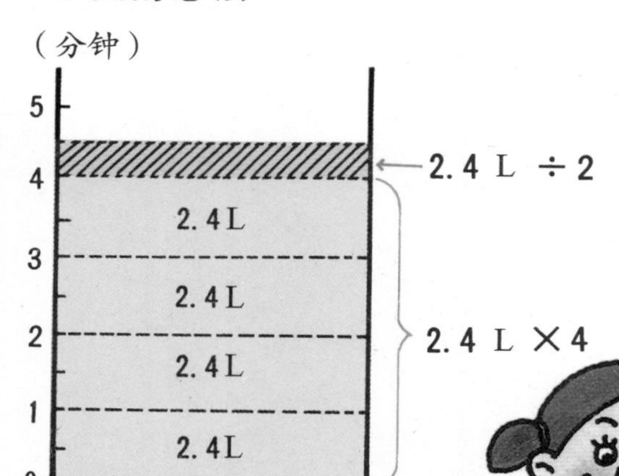

学习重点

① 了解像 1.2×6.4 这样的（小数）×（小数）的意义。
② （小数）×（小数）的笔算方法。
③ 确立小数的乘法。

首先，我们知道在 4 分钟内装进的水量，等于2.4（升）× 4。而0.5 分钟内装进的水量，应该等于 1 分钟内装进的水量的一半，因此可以列成 2.4（升）÷ 2。

我们把算式加以整理，可以写成

2.4×4＋2.4÷2

◆平平的想法

0　2.4　2.4×2　2.4×3　2.4×4　□　2.4×5　（L）

0　1　2　3　4　4.5　5

平平是使用数线来计算的。2 分钟时是 2.4（升）× 2，3 分钟时就变成 2.4（升）× 3，因此，4.5 分钟时就列成 2.4（升）× 4.5。

◆大成的想法

如果把 2.4 升当成原来的量，2 分钟时，就成了原来的 2 倍；

3 分钟时，就变成原来的 3 倍。

因此，当 4.5 分钟的时候，就可以用原来的 4.5 倍来计算，列成式子就是

2.4（升）× 4.5

2 分钟时→原来的 2 倍

2.4L	2.4L

3 分钟时→原来的 3 倍

2.4L	2.4L	2.4L

4.5 分钟时→原来的 4.5 倍

2.4L	2.4L	2.4L	2.4L	1.2L

2.4(L)×4.5

◆ 我们把三个人的想法再详细地研究看看

首先，我们来计算小美所想的式子，2.4× 4 ＋ 2.4 ÷ 2。这个式子并没有错，但是似乎稍显复杂，不容易计算。

在这个问题中，我们要求的是 4.5 分钟内装进的水量，因此可以列成 2.4× 4 ＋ 2.4 ÷ 2，但是，如果现在我们要求的是 4.3 分钟内装进的水量，那么，又该如何列式子呢？

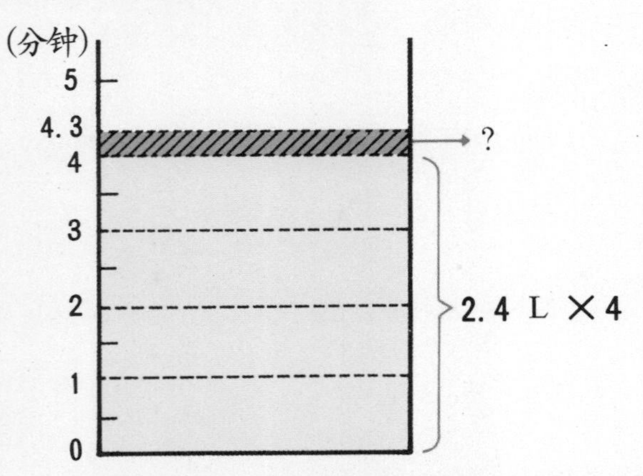

平平和大成所想的式子同样都是 2.4× 4.5。这样看起来似乎简单多了。

根据这种想法，如果要求 4.3 分钟内装进的水量，就可以列成 2.4× 4.3。

当我们在列式子的时候，最重要的是能够一看式子，就能马上了解这个式子代表什么样的问题。

平平和大成对于这个问题的想法，都是以 1 分钟内装进的水量(2.4 升)为基本，再求出它的 4.5 倍。因此列式为

2.4（升）× 4.5

● 1.2 倍的重量

大成的体重是 31.5 千克，他哥哥的体重是大成的 1.2 倍，那么他哥哥的体重是多少千克呢？

这时，我们就要以大成的体重 31.5 千克为标准来计算。

现在，我们也用数线来检查看看。

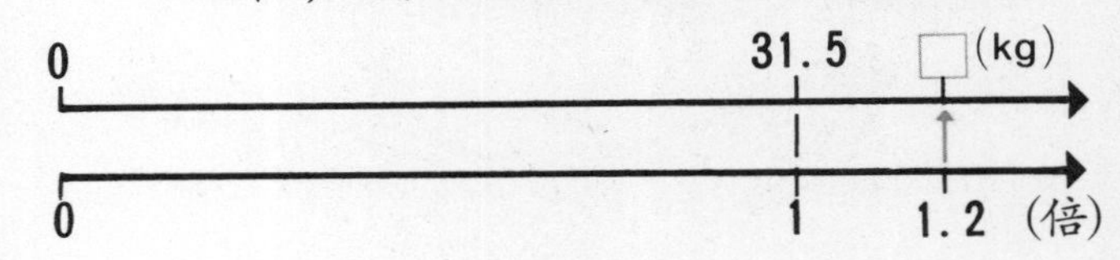

从数线中一看就可以得知，以大成的体重为标准，再算出他的体重的 1.2 倍，列成算式为 31.5（千克）× 1.2。

只要以我的体重为标准，再乘以 1.2 倍，就是我哥哥的体重了。

0.8 倍的铁丝的重量

有一根长 1 米的铁丝，重 6.4 克。同样的铁丝如果长 0.8 米，应该有几克重？

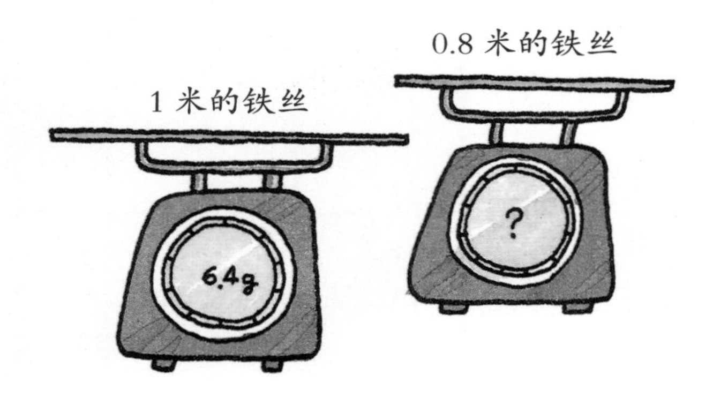

0.8 米比 1 米短，因此它的重量也应该比 6.4 克轻。

这时候，我们也可以画出数线来算算看。

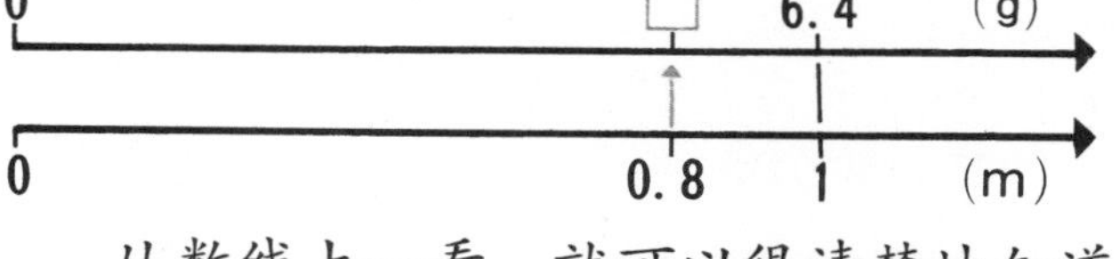

从数线上一看，就可以很清楚地知道 0.8 米长的铁丝重量比 6.4 克轻。

以 6.4 克为标准来比较大小，就可以算出 0.8 倍的大小了。列出的算式就变成 6.4（克）× 0.8。

长方形的面积

长 2.7 厘米，宽 6.8 厘米的长方形面积等于多少平方厘米？

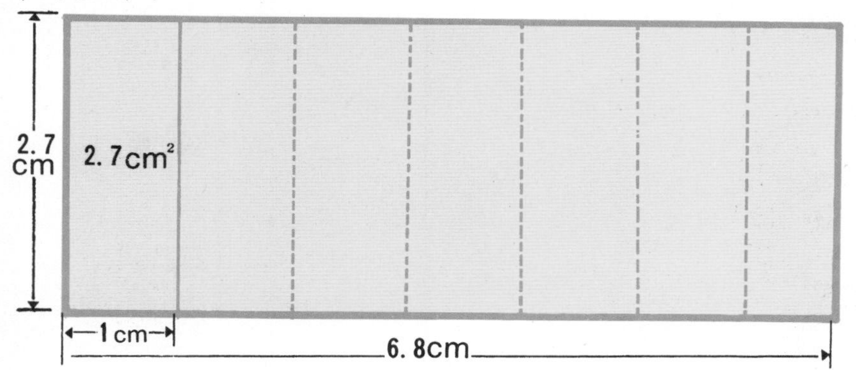

长方形的面积是长 × 宽，但是如果长和宽都是小数的话也可以计算吗？

如果算一算长 2.7 厘米、宽 1 厘米的长方形面积，可以知道它的面积等于 2.7 平方厘米。

但是，因为现在的宽是 6.8 厘米，因此只要算算 2.7 平方厘米的 6.8 倍的面积就可以了。

由此列出的算式为

2.7（平方厘米）×6.8

结果，还是变成（长）×（宽）的计算了。从以下所画出的数线，就可以很清楚地了解了。

如果以 2.7 平方厘米来看的话，只要算出它的 6.8 倍是多少就可以了。

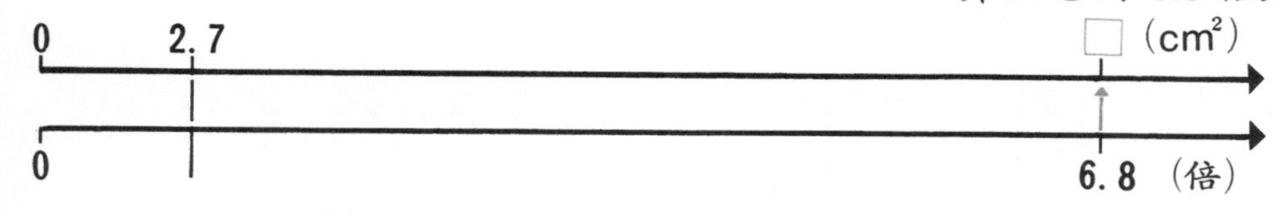

◉ 积的大小

某数（以甲表示）乘以不同的整数或小数时，积的大小会有什么样的变化呢？让我们一边看数线，一边来想想。

我想，乘法的积总是比被乘数大，但是，也有的积会变小哦。

积比甲小 ⟷ 积比甲大

0　甲×0.3　甲×0.8　□　甲×1.3　甲×2　甲×3　（积）

0　0.3　0.8　1　1.3　2　3　（乘数）

乘数比 1 小 ⟷ 乘数比 1 大

从数线中，我们知道乘以 0.8 或 0.3 之后，结果会比被乘数小。

以前所学的“乘以整数的乘法”，它的积总是比被乘数来得大哦。

* 当乘数比 1 大的时候，积会变得比被乘数大。
* 当乘数等于 1 的时候，积会等于被乘数。
* 当乘数比 1 小的时候，积会变得比被乘数小。

答案正确吗？

乘法的答案，可以用积除以乘数所得的商来验算答案是否正确。

$2.4 \times 0.8 = 1.92$

这个答案也可以利用以下方法来验算是否正确。

$2.4 \times 0.2 = 0.48$

$2.4 - 0.48 = 1.92$

2.4 的 0.8 倍只比 2.4 的 1 倍小 0.2 倍，因此，$2.4 - 2.4 \times 0.2 = 1.92$。

（小数）×（小数）的计算方法

1.2 × 6.4 的计算

现在我们已经知道小数的乘法意义了。

接下来，我们再来想想 1.2×6.4 的计算方法吧。

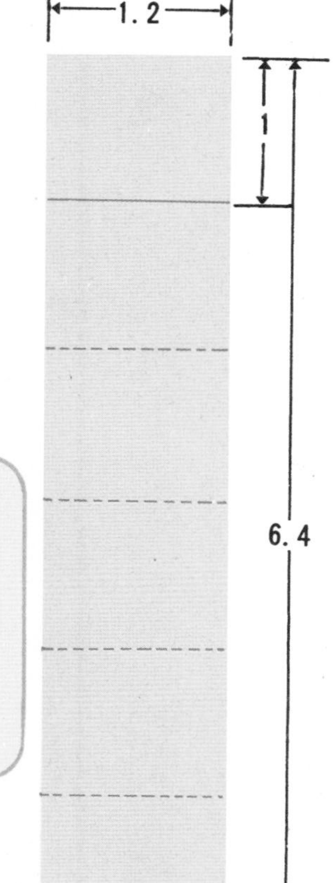

给你一个提示，在以前所学的基础上来思考，是很重要的哦。想想看，把它看成 12×64 或 1.2×64 的计算方法。

◆ **小美的想法**

转化成（整数）×（整数）来计算。

1.2 的 10 倍是 12

6.4 的 10 倍是 64

$12\times64=768$

被乘数和乘数都放大了 10 倍，因此 1.2×6.4 的积就是 12×64 的积的 $\frac{1}{100}$。

因此，$1.2\times6.4=7.68$。

用算式来表示，就成了以下的计算过程。

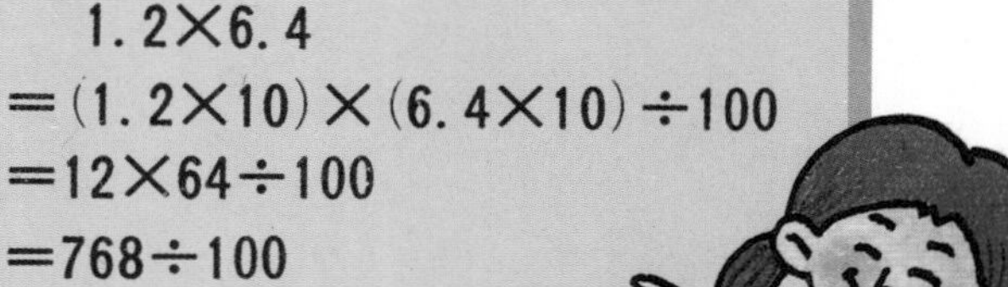

$$
\begin{aligned}
&1.2\times6.4\\
&=(1.2\times10)\times(6.4\times10)\div100\\
&=12\times64\div100\\
&=768\div100\\
&=7.68
\end{aligned}
$$

◆ **平平的想法**

我们已经学过（小数）×（整数）的计算方法了，因此，只要把 6.4 转化为整数，不就可以计算了吗？

换句话说，把 6.4 放大 10 倍是 64，

$$1.2\times64=76.8$$

由于乘数放大了 10 倍，因此 1.2×6.4 的积，应该是 1.2×64 的积的 $\frac{1}{10}$。

因此，$1.2\times6.4=7.68$。

若用算式来表示，就成了以下的计算过程。

$$
\begin{aligned}
&1.2\times6.4\\
&=1.2\times(6.4\times10)\div10\\
&=1.2\times64\div10\\
&=76.8\div10\\
&=7.68
\end{aligned}
$$

◆ **大成的想法**

因为不能直接用小数来计算，所以我想到了把乘数化为整数的方法。

但是,化为(小数)×(整数)的方法，不就和平平的方法一样了吗?

6.4 是 64 的 $\frac{1}{10}$，由此可知 6.4 = 64 ÷ 10；

1.2 是集合了 10 个 0.12，因此 1.2 = 0.12 × 10。

计算过程如下：

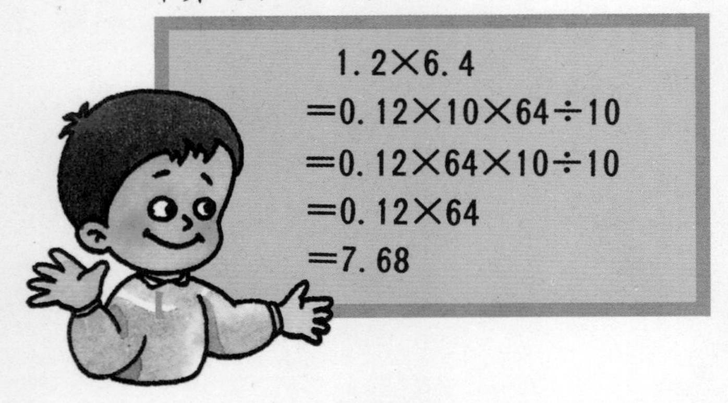

虽然三个人的计算方法不同，但都应用了前面学过的方法,变成(整数)×(整数)、(小数)×(整数)来计算。

这是很重要的概念，要牢记下来。

◎（小数）×（小数）的笔算

前面我们已经用了各种不同的方法，求出（小数）×（小数）的答案。

接下来,我们再来想想(小数)×(小数)的笔算方法。

● 1.2 × 6.4 的笔算

如果当作没有小数点来计算的话，会怎么样呢?

若以（整数）×（整数）来计算，1.2 × 6.4 就必须分别扩大 10 倍了。分别扩大 10 倍后，就成了 12 × 64。

但是，它的积应该还要除以 100 才是正确的。因为乘数和被乘数分别都放大了 10 倍，因此答案必须再除以 100。

```
   1.2  ---------放大10倍------->     12
 × 6.4  ---------放大10倍------->   × 64
 -----                              ----
 7.68                                 48
   ↑                                 72
   |                                ----
   └------------除以100 ---------    768
```

● 1.6 × 0.84 的笔算

和前面一样，也是用(整数)×(整数)的方法来计算看看。

把 1.6 放大 10 倍，0.84 放大 100 倍，分别变成整数，并列成 16 × 84 的式子。

由于被乘数放大了10倍，乘数放大了100倍，因此求出的积必须再除以1000。

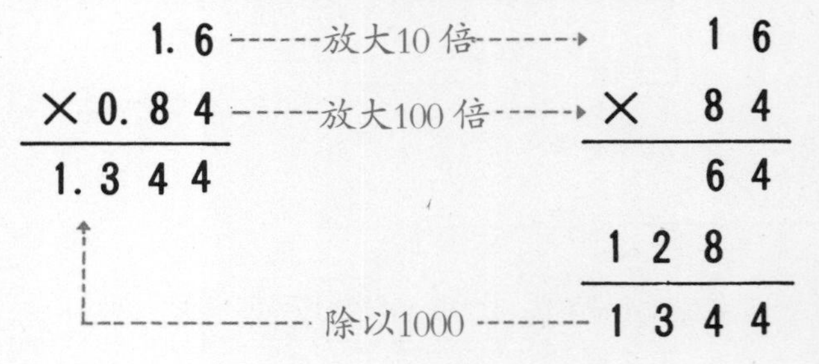

将数字看成没有小数点的数来计算，因此不能列成 $\begin{array}{r} 1.6 \\ \times 0.84 \\ \hline \end{array}$ ，而要列成 $\begin{array}{r} 1.6 \\ \times 0.84 \\ \hline \end{array}$ 。注意积的位数和乘数的位数不一样。

终于把（小数）×（小数）的笔算方法弄清楚了。在这里，我们就把笔算的方法整理起来。

①当我们在列笔算的式子时，右边要对齐。计算时，要当作没有小数点的数来计算。

②算出被乘数和乘数的小数点右边的位数。

③积的小数点右边的位数，和②算出的位数总和相同，把积的小数点标出来。

整数的计算：

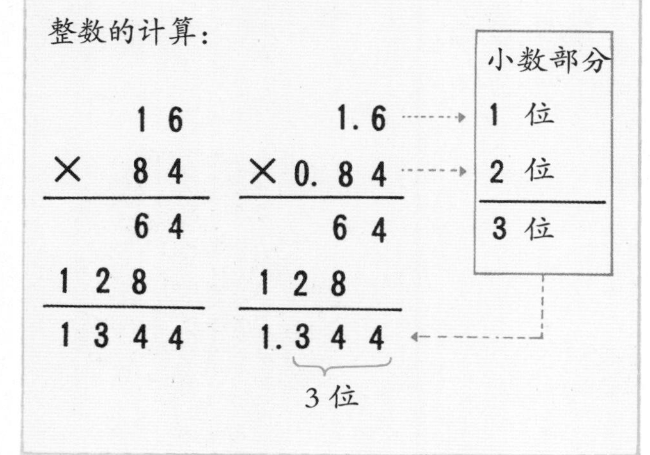

小数部分
16
× 84
64
128
1344
1.6
× 0.84
64
128
1.344
1 位
2 位
3 位
3 位

计算的法则

在整数的乘法中，我们已经学习了如何使用计算的法则了。现在，我们再来想想，小数的乘法中是不是也可以使用计算法则呢？

首先，看看乘法的法则有什么样的性质。

●×■＝■×●

乘数和被乘数的位置颠倒了也没有关系。这称为**交换律**。

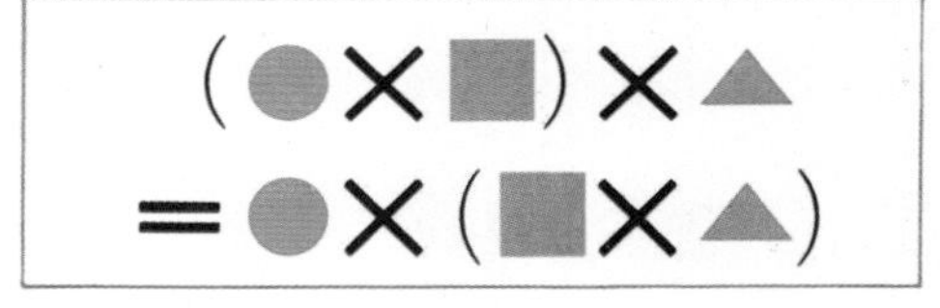

即使计算的顺序改变，积还是不变。这称为**结合律**。

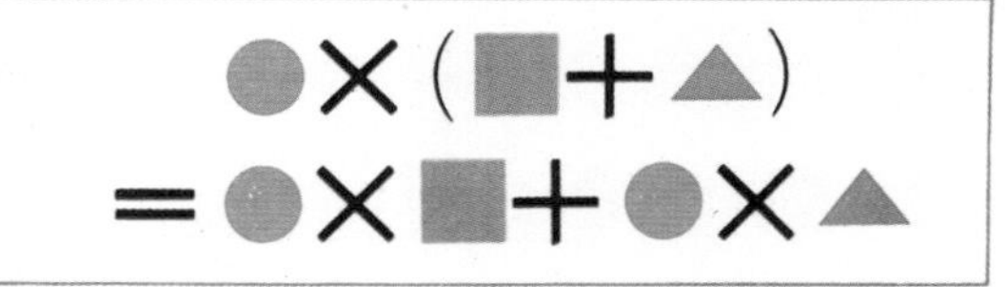

被乘数分别和括号内的数相乘，结果相同。这称为**分配律**。

接下来，我们就要证明这三个计算法则，是不是也可以使用在小数的计算中。

交换律

●×■=■×● 这个公式，我们称它为交换律，但是在小数的计算中，这个法则是不是也成立呢？

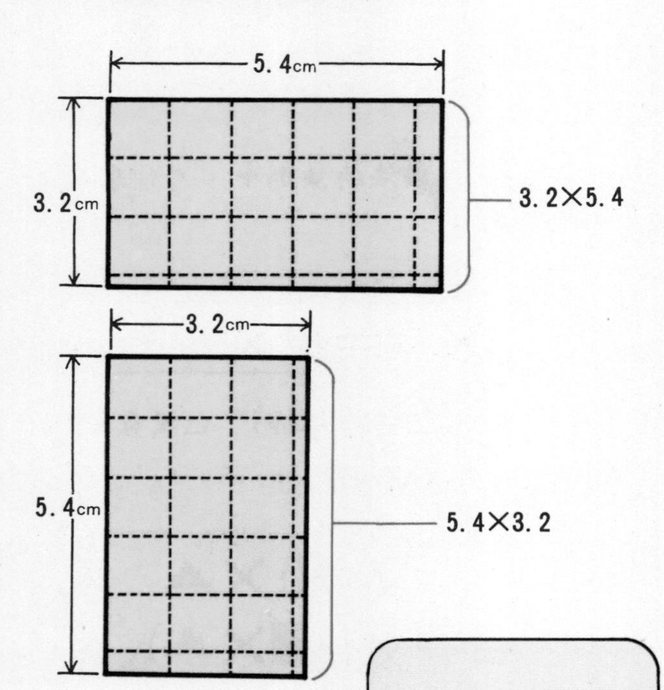

我们可以从长方形的面积来思考，3.2×5.4和5.4×3.2都是求长方形面积的算式，因此我认为3.2×5.4＝5.4×3.2是成立的。
我动手计算过，3.2×5.4 ＝ 17.28，5.4×3.2 ＝ 17.28，它们的积都相同，因此，3.2×5.4＝5.4×3.2是成立的。

结合律

(●×■)×▲=●×(■×▲) 这个公式，称为结合律。我们来看看，这个法则在小数计算中是不是也成立。

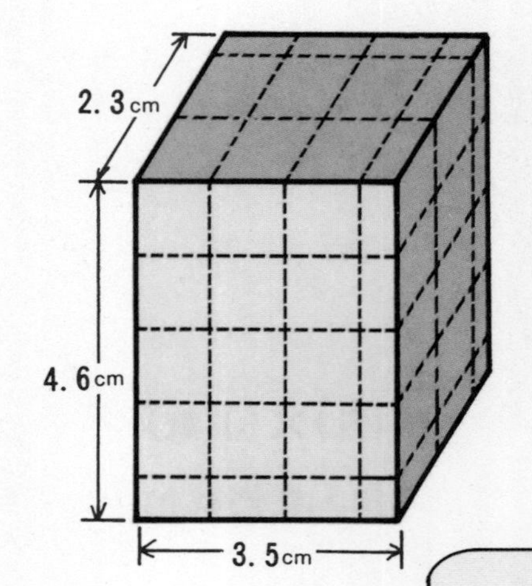

从以上求立方体体积的方法来看，(2.3×3.5)×4.6和2.3×(3.5×4.6)都是求立方体体积的式子，因此，我认为(2.3×3.5)×4.6＝2.3×(3.5×4.6)是成立的。

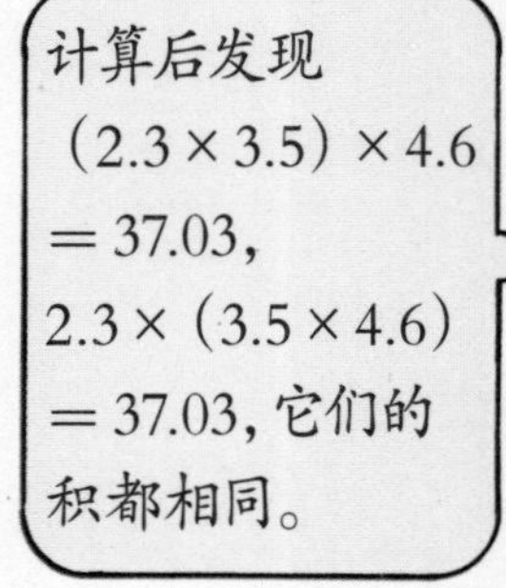

计算后发现(2.3×3.5)×4.6＝37.03，2.3×(3.5×4.6)＝37.03，它们的积都相同。

分配律

●×(■+▲)=●×■+●×▲

这个规则称为分配律。这个法则在小数中是否也成立呢?

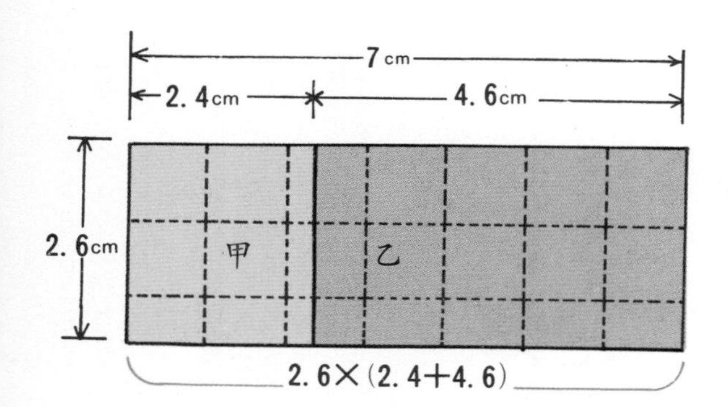

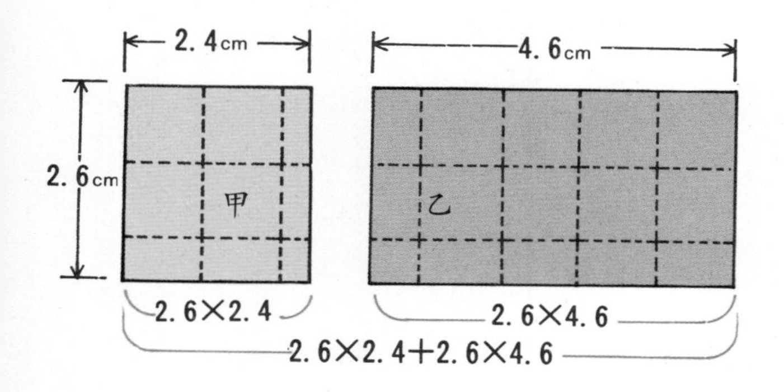

查查看

把左边的长方形看成一个长方形，求出的面积是 $2.6\times(2.4+4.6)=2.6\times7=18.2$(平方厘米)

如果看成 2 个长方形，则分别求它们的面积:

甲的面积是 $2.6\times2.4=6.24$(平方厘米)

乙的面积是 $2.6\times4.6=11.96$(平方厘米)

把甲和乙的面积加起来就是

$$6.24+11.96=18.2\text{(平方厘米)}$$

因此，我们知道

$$2.6\times(2.4+4.6)=2.6\times2.4+2.6\times4.6$$

是成立的。

综合测验

请写出下面 2 个问题的算式及答案。

①丝带 1 米的价钱是 80 元，那么 2.5 米的丝带要多少元?

② 1 小时走 42.8 千米的汽车，如果走 1.6 小时，可以前进多少千米?

答: ① $80\times2.5=200$(元)

② $42.8\times1.6=68.48$(千米)

整理

(1) 和整数一样，小数的乘法算式也成立。把原来的数乘上小数倍数时，就要以小数的乘法来计算。

(2) 积和被乘数的大小关系可以用以下的式子来表示。

① (乘数) > 1 → (积) > (被乘数)

② (乘数) = 1 → (积) = (被乘数)

③ (乘数) < 1 → (积) < (被乘数)

(3) (小数) × (小数) 的笔算可以先看成 (整数) × (整数) 来计算，再检查积的小数位数，标上小数点。

(4) 小数的乘法也和整数的乘法相同，下面的计算法则也成立。

①交换律

●×■=■×●

②结合律

(●×■)×▲=●×(■×▲)

③分配律

●×(■+▲)=●×■+●×▲

数的智慧之源

特殊小数的乘法

◆你能用心算来算出以下的算式吗？

① 0.52×0.25

② 72×0.25

好像有点困难。①的答案很简单，是0.13。那么，②行不行呢？

这一题也不容易吧？这样好了，给你一点提示。

这是因为已经计算出① 0.52 ÷ 4 = 0.13，② 72 ÷ 4 = 18。

甲×0.25的答案，可以把它想成甲÷4来计算。

从下图中，我们可以知道0.25就是$\frac{1}{4}$。

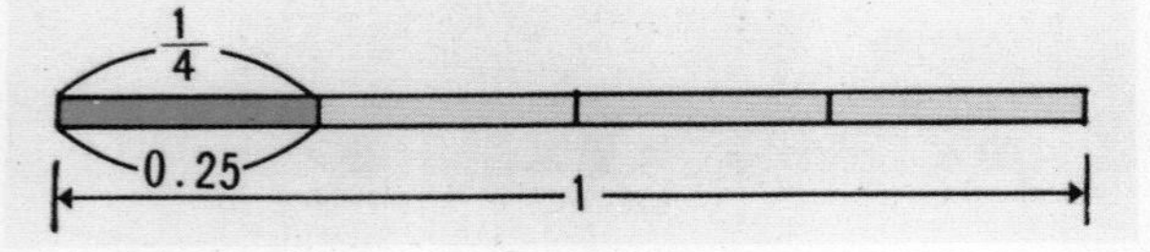

因此乘以0.25，就是乘以$\frac{1}{4}$，换句话说，只要用4除就可以了。

用4除的计算比乘以0.25的计算似乎要简单多了。

● **自己算算看**

① 96×0.25　② 340×0.25

甲×0.75和甲×$\frac{3}{4}$的答案相同。让我们来看看下图。

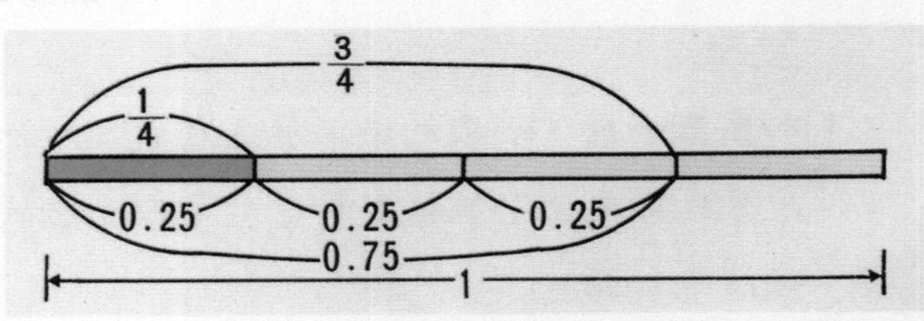

换句话说，就相当于乘以$\frac{3}{4}$，也就是用4除，再乘以3就可以了。因此，

$$32 \times 0.75 = 32 \times \frac{3}{4} = (32 \div 4) \times 3 = 24$$

这个问题，用心算就可以很容易地算出来了。

◆和$\frac{1}{8}$相等的小数是多少？

$\frac{1}{8}$ = 0.125。因此，乘以 0.125 和乘以$\frac{1}{8}$是相同的。

* $\frac{1}{8}$就是 1 除以 8（8 除 1）。

```
    0.125
8 ) 1.0
    8
    20
    16
     40
     40
      0
```

● 用心算来算算看

176×0.125

96×0.125

544×0.125

从前面所学的，你就可以理解以下所列的式子了。

① $\frac{1}{8}$=0.125

② $\frac{2}{8}$=$\frac{1}{4}$=0.25

③ $\frac{3}{8}$=$\frac{1}{8}$+$\frac{2}{8}$=0.125+0.25=0.375

④ $\frac{5}{8}$=$\frac{1}{8}$+$\frac{4}{8}$=0.125+0.5=0.625

⑤ $\frac{7}{8}$= 1 −$\frac{1}{8}$= 1 −0.125=0.875

● 算算以下的计算题

使用哪些分数就可以用心算来解题呢？

72×0.375

0.72×0.625

7.2×0.875

● 回答以下问题

①想办法算算下面几道计算题。

79.2×3.75

6.08×0.625

464×87.5

②请在□中分别填入适当的数。

371×0.375+325×0.375

=（371+325）×□

=696×0.375

=696÷ 8 ×□

=□

2 除以小数的计算

除以小数的计算应用 (1)

除以小数的计算，可以在什么时候使用呢？下面，我们就列出几个问题来做做看。

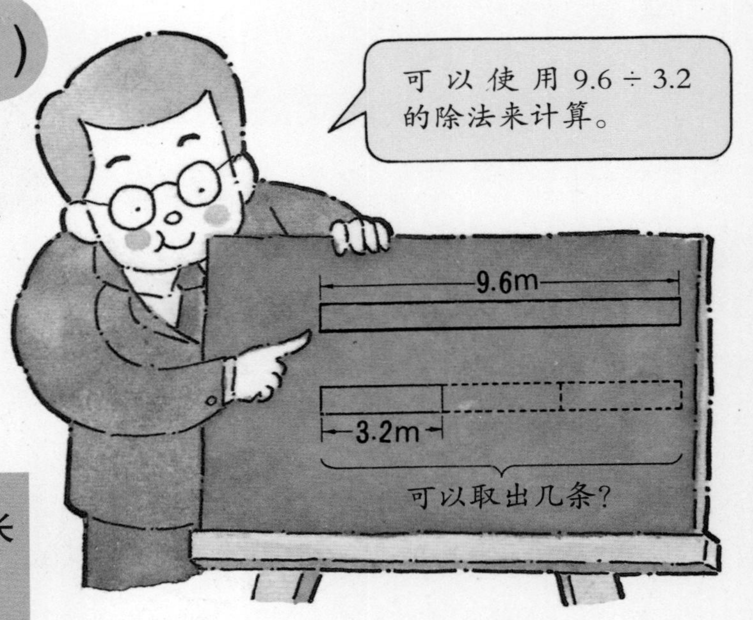

可以使用 9.6 ÷ 3.2 的除法来计算。
9.6m
3.2m
可以取出几条？

● 求带子条数的问题

从 9.6 米的带子中，可以取出几条长 3.2 米的带子呢？

想想这个问题的解法。计算可以分成几份大小相同的东西时，必须使用除法来计算。因此，列成式子为

$$9.6 \div 3.2$$

但是，不知道可以取出几条。

2 条 3.2 米的带子，是

3.2（米）× 2 = 6.4（米），

3 条 3.2 米的带子，就是

3.2（米）× 3 = 9.6（米）。

因此，答案就是 3 条。

我们来比较小美和小强的想法。

小美在列式子的时候是想成 9.6 可以分成几份 3.2。换句话说，就是指

9.6 是 3.2 的几倍？

而小强是想成

3.2 的几倍会变成 9.6？

他们两人都是求倍数，因此只要以除法来列式就可以了。

●求出水槽装满水的时间

有一个可以装 8.4 升水的水槽。如果平均每 1 分钟可以装进 2.4 升的水，要几分钟才能装满？

学习重点

①除以小数的除法，在什么时候使用呢？
②除以小数的计算方法。
③除以小数计算的笔算方法。
④求余数时的计算方法。

想想看，如果时间过了 1 分钟、2 分钟、3 分钟后，水量会有什么变化呢？

在 3 分钟时，水还没有满，但是在 4 分钟时，水就溢出来了，因此答案应该在 3 分钟和 4 分钟之间。

1 分钟内装入 2.4 升

容量为 8.4 升的水槽

装进的水量

1 分钟　2.4（升）
2 分钟　2.4（升）×2 = 4.8（升）
3 分钟　2.4（升）×3 = 7.2（升）
4 分钟　2.4（升）×4 = 9.6（升）

在 3 分钟之内，水槽里还没有装满水，但到了 4 分钟时，水就溢出来了。

为了求出在几分钟时可以到达 8.4 升，只要算算 8.4 是 2.4 的几倍就可以了。

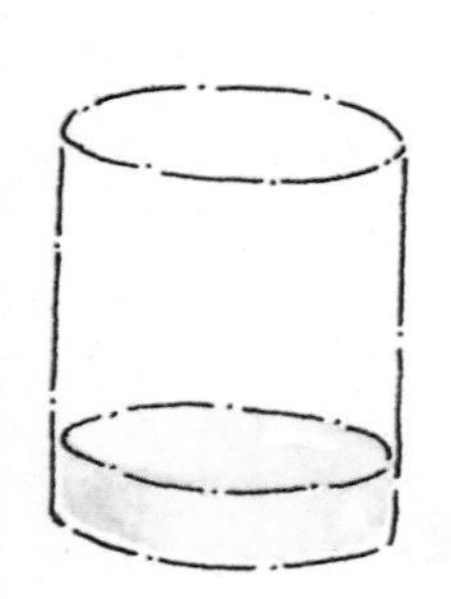

2.4 L ×1
=2.4 L
1 分钟

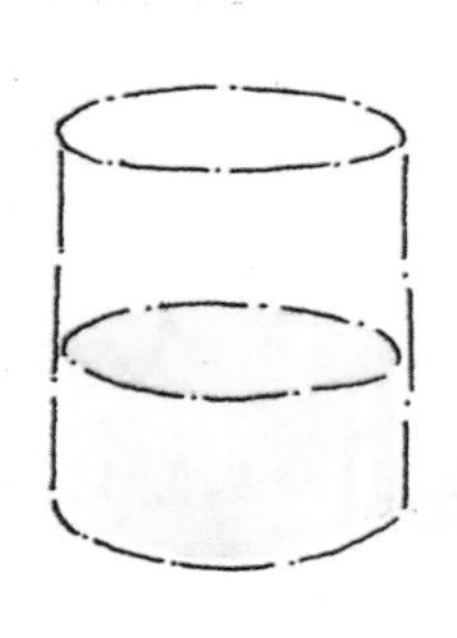

2.4 L ×2
=4.8 L
2 分钟

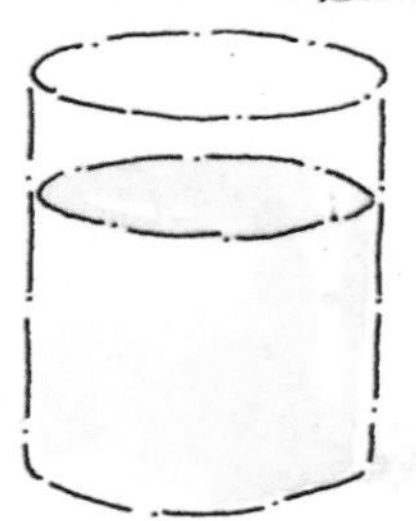

2.4 L ×3
=7.2 L
3 分钟

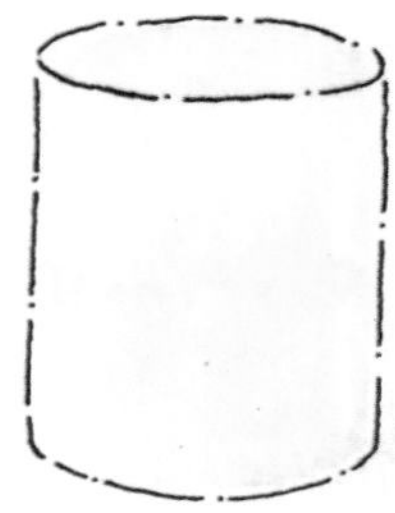

2.4 L ×□
=8.4 L
？分钟

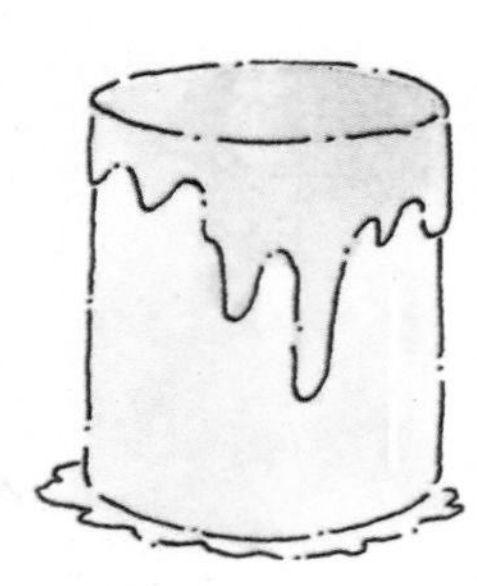

2.4 L ×4
=9.6 L
4 分钟

小强认为答案应该介于3.1倍到3.9倍之间。

你能找出到底是几倍吗？

$2.4 \times 3.1 = 7.44$

$2.4 \times 3.2 = 7.68$

$2.4 \times 3.3 = 7.92$

$2.4 \times 3.4 = 8.16$

$2.4 \times 3.5 = 8.4$

我们已经知道2.4的3.5倍就是8.4了。小美要求的是几倍，所以只要列除法的式子就可以了。但是，由于答案既不是3倍，也不是4倍，因此可以用以下算式来计算。

8.4÷2.4

◆ **这个问题可以用数线来算算看。**

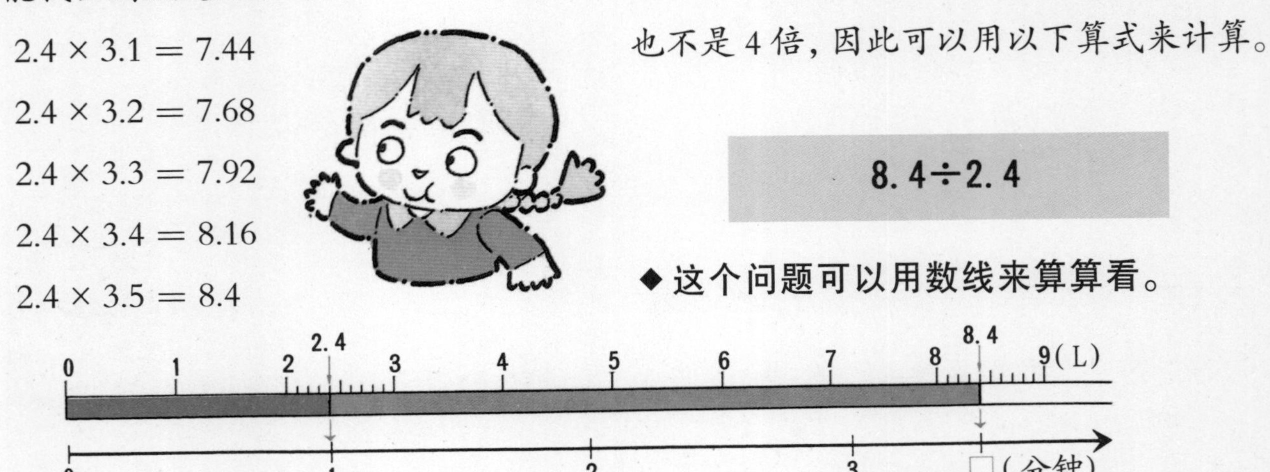

上面是代表水槽里装进的水量，下面的刻度代表进水的时间：因为1分钟内可以装进2.4升的水，因此就把2.4升下面的刻度当作1。那么，我们只要计算出在8.4升下面的时间刻度就可以了。

我们也可以列下算式，用数线来表示所求出的带子数目。上面是代表带子的长度，下面是代表带子的条数。因为每一条带子的长度是3.2米，因此3.2米的下面就当成1，再求出9.6米下面的数。

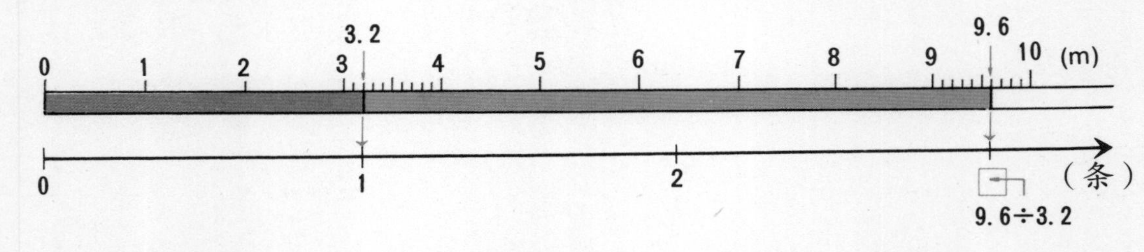

比较以上两组数线，可以发现两组数线非常相似。

在求带子条数的问题中，9.6 ÷ 3.2是计算9.6米是3.2米的几倍的式子，因此当我们把3.2看成1的时候，就可以求出9.6相当于多少了。

水槽的问题也可以从数线中了解。由于是计算8.4升为2.4升的几倍这个问题，因此如果把2.4当成1，就可以算出8.4相当于多少了。

因此，我们只要用8.4 ÷ 2.4的式子来计算就可以了。

● 比较水池面积的问题——该以什么样的式子来表示呢？

有一只住在鲶池的青蛙，问住在葫芦池的青蛙："葫芦池的面积，到底是鲶池面积的几倍大呀？感觉它相当大呢。"

鲶池的面积是 1.5 平方千米，葫芦池的面积是 1.2 平方千米。

算算看，葫芦池的面积是鲶池面积的几倍呢？

◆ 首先，我们来想想应该用什么样的式子来表示比较好？

好简单哦！问的是"几倍"，因此用除法来算就可以了。
但是列成式子应该是 1.5 ÷ 1.2，还是 1.2 ÷ 1.5 呢？

因为问的是几倍，因此用除法的式子一算，马上就可以知道了。但是，应该是 $1.5 \div 1.2$，还是 $1.2 \div 1.5$ 呢？让我们来看看数线上的标示，再决定把哪一个池子的面积当作 1。这个问题是问葫芦池是鲶池的几倍，因此就是把鲶池的面积当成 1，然后求出葫芦池相当于几个鲶池就可以了。因此，列成算式为

$$1.2 \div 1.5$$

这个答案从数线上一看就知道比 1 小。

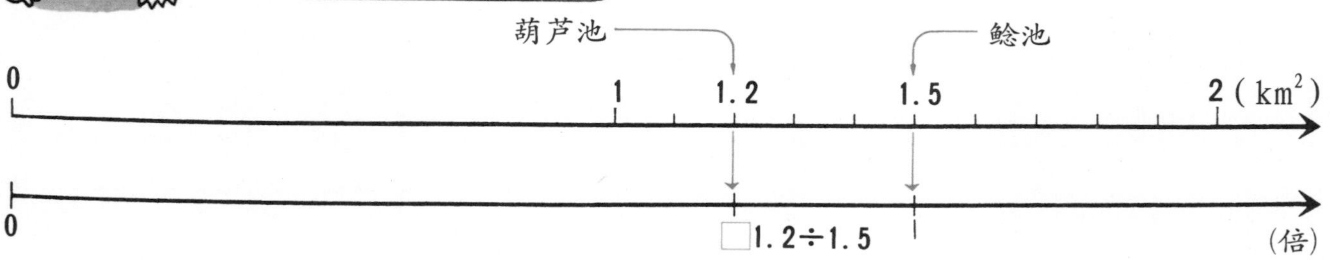

除以小数的计算应用 (2)

接下来，我们以下面的例题为基础，学习有关除以小数的列式问题。

这和前面学过的求倍数的问题不太一样，但是好像也是用除法哦。

如果 2 厘米的铁丝重 8.4 克，那么 1 厘米铁丝的重量，只要把 8.4 克分成 2 等份就可以啦。可以列成 8.4 ÷ 2.4，从数线上看看就知道了。

●求出长度为 1 厘米铁丝的重量

有一根长 2.4 厘米、重 8.4 克的铁丝，这样的铁丝 1 厘米重几克？

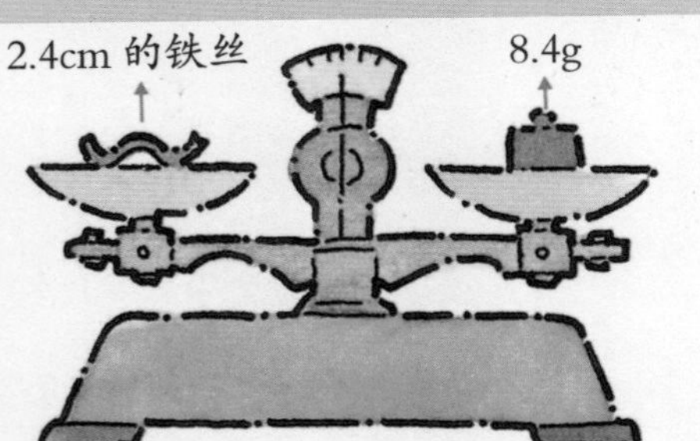

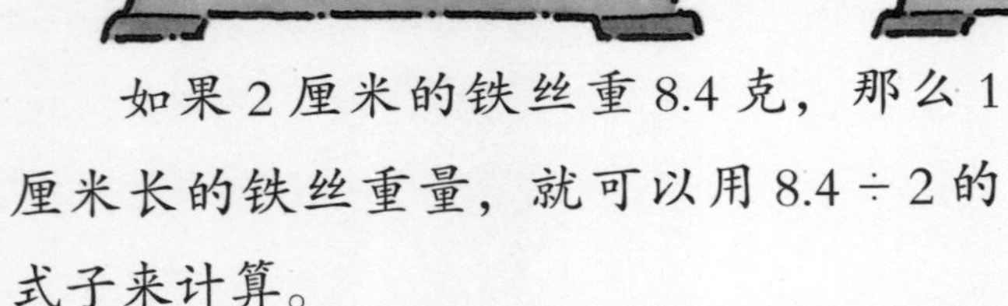

如果 2 厘米的铁丝重 8.4 克，那么 1 厘米长的铁丝重量，就可以用 8.4 ÷ 2 的式子来计算。

关于这个问题，8.4 ÷ 2 的式子是不是成立呢？我们可以从数线上看出来。

1 厘米铁丝的重量如果是□克，那么 2 厘米的铁丝重量就变成（□ × 2）克了。而 2.4 厘米长的重量应该是 1 厘米长的 2.4 倍，因此就变成（□ × 2.4）克。

从问题中，我们知道 2.4 厘米的铁丝重 8.4 克，因此

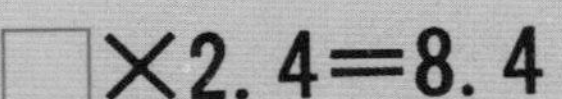

□×2.4=8.4

这个式子成立。这个式子也可以列成 2.4 × □ = 8.4，如果看成 8.4 是 2.4 的几倍时，只要以除法问题来计算就可以求出答案了。

8.4÷2.4

这个式子中，我们就可以得知 1 厘米铁丝的重量了。

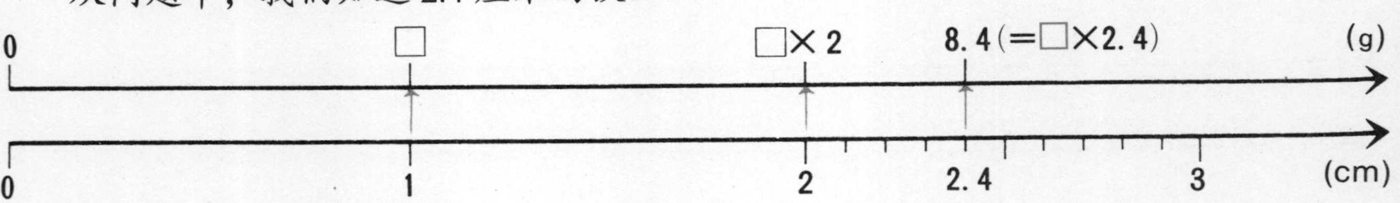

求出 1 克铁丝的长度

有一根长 2.3 厘米的铁丝，重 9.2 克。如果把这一根铁丝剪成 1 克的铁丝，这根铁丝会变成几厘米呢？

这和前一页的问题很类似哦，应该也是用除法来计算。

2.3cm 的铁丝　9.2g

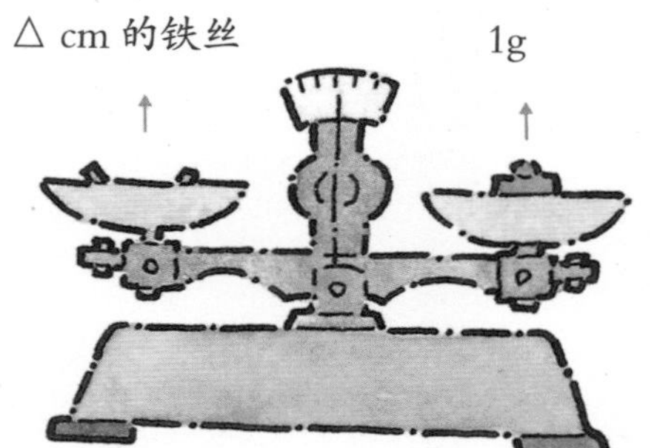

等于是求 1 克铁丝的长度，因此只要用 2.3 ÷ 9.2 就可以了。这也可以用数线来了解。

如果 2.3 厘米长的铁丝重 9 克时，那么变成 1 克的铁丝时，只要以（2.3 ÷ 9）厘米来计算就可以了。现在是 2.3 厘米的铁丝重 9.2 克，2.3 ÷ 9.2 的式子是不是成立呢？我们可以从数线上来了解。如果 1 克重量的铁丝长△厘米，那么 2 克的铁丝就是（△ × 2）厘米，3 克的话就是（△ × 3）厘米……那么 9.2 克的铁丝就变成（△ × 9.2）厘米。问题中，9.2 克的铁丝长 2.3 厘米，因此，

$$△\times 9.2=2.3$$

是成立的。这个式子也可以写成 9.2 × △ = 2.3。如果把这个式子想成 2.3 是 9.2 的几倍，这还是成立了一个除法的问题。

因此，从

$$2.3\div 9.2$$

这个式子中，我们就可以得知 1 克铁丝的长度了。

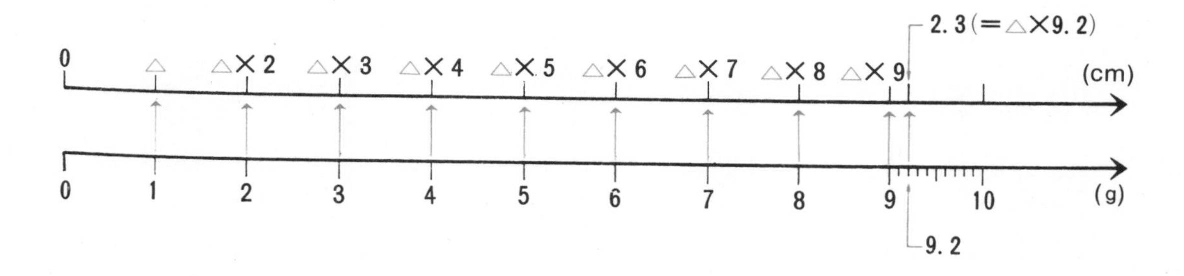

●计算出头冠的重量

公主头冠的重量是以国王王冠的 0.8 倍重来制造的。据说公主头冠的重量是 2.6 千克，那么国王的王冠重多少千克呢？

公主的头冠是国王王冠的 0.8 倍，因此国王的王冠应该比较重哦。

公主的头冠（2.6kg） 国王的王冠（？ kg）

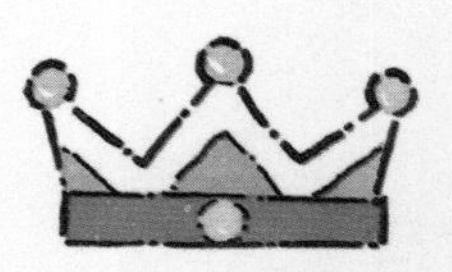

公主的头冠重量　国王的王冠重量

如果公主头冠的重量是国王王冠重量的 2 倍，就可以用 2.6 ÷ 2 的式子来计算。而现在是 0.8 倍，因此算式就可以列成 2.6 ÷ 0.8 了。

这个问题从数线上来看，也很容易理解。国王王冠的重量如果是□千克，它的 2 倍是 2.6 千克时，就是□ × 2 = 2.6，可以看成 2.6 ÷ 2 =□。因此，当它的 0.8 倍是 2.6 千克时，□ × 0.8 = 2.6 就成立。于是变成

2.6 ÷ 0.8 = □（千克）

下面，我们就把计算王冠重量的数线和计算 1 厘米铁丝的重量，以及计算 1 克铁丝长度的数线，作一下比较。

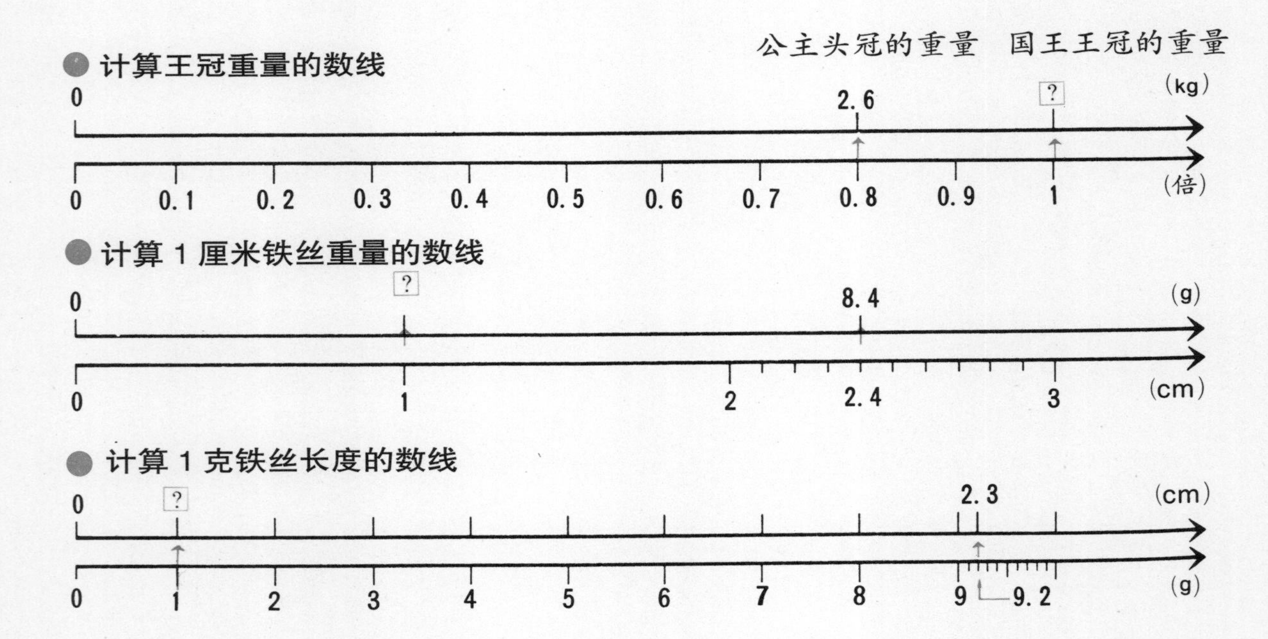

仔细观察这三条数线，可以发现它们共通的地方。每条数线上都是求相当于一部分的数。换句话说，都是计算基本量。

1克铁丝的长度和1克铁丝的重量也都是相当于1的大小。换句话说，只要算出基本量就可以了。

把某一个数平均分成几等份后，求出其中的一等份，还是要使用除法来计算。

这也可以想成相当于1的大小。画出数线来看，你就会发现道理是相同的。

下图是代表把6.5米的带子分成4等份，求每一等份变为几米的数线。我们知道这个问题也是以原来的长度为标准，求出每一段的长度。

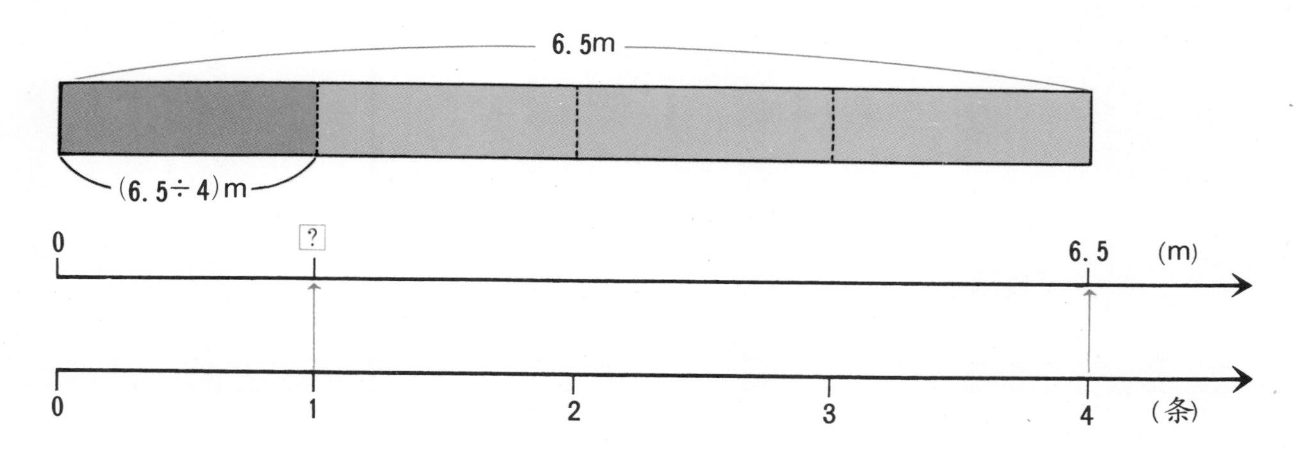

想想有关除法的商

以前一定有许多人都认为，除法的商应该比被除数小。真的是这样吗？让我们重新来看一次数线。

如果用比1小的数来除，那么商就会比被除数大。从以下的计算中就可以了解。

$24 \div 3 = 8$……商比被除数24小

$24 \div 2 = 12$……商比被除数24小

$24 \div 1 = 24$……商和被除数24一样大

$24 \div 0.8 = 30$……商比被除数24大

$24 \div 0.5 = 48$……商比被除数24大

而 $2.6 \div 0.8$ 的式子，也是求当相于1的平均数，因此商比被除数大。

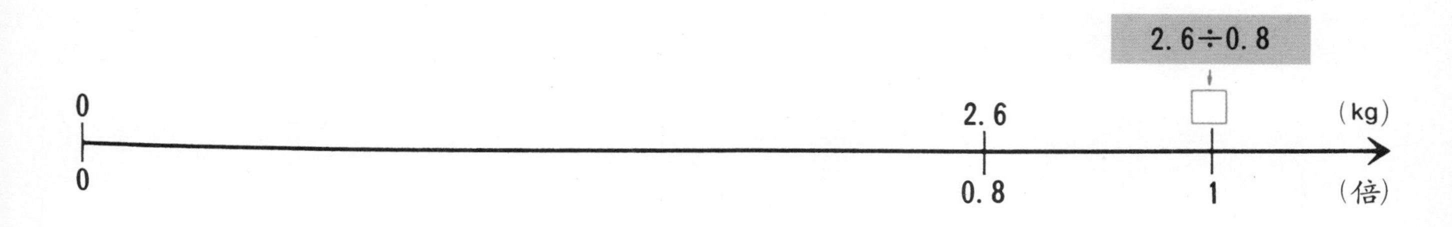

除以小数的计算应用 (3)

除以小数的问题整理

《除以小数的计算应用（1）》中，是计算某一个量相当于另一个量的几倍等问题；在《除以小数的计算应用（2）》中，则是计算相当于1的大小（基本量）等问题。而且，我们知道每一个问题都可以用除法来计算。但是，该怎么说明这两种问题的不同呢？

同样是除法的算式，
但是数线却不一样，
这是怎么回事？

每一种问题，可能都可以列成 $8.4\div2.4$ 的式子，因此我们再把这两种问题重新用数线来表示并比较看看。

(1) 求水槽装满水的时间

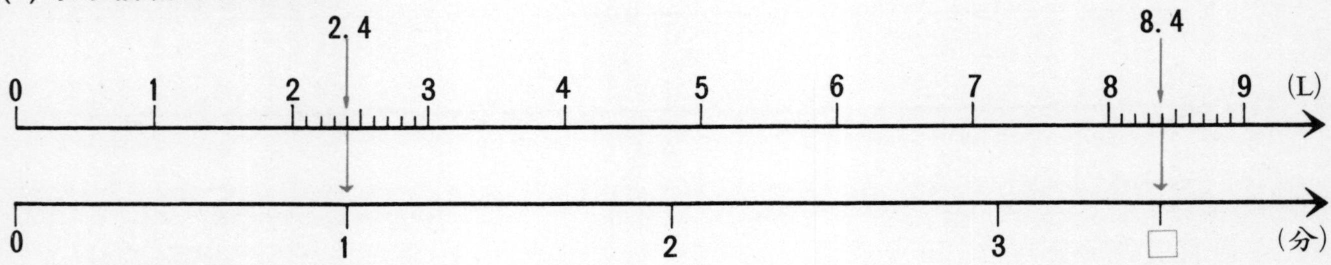

(2) 求 1 厘米铁丝的重量

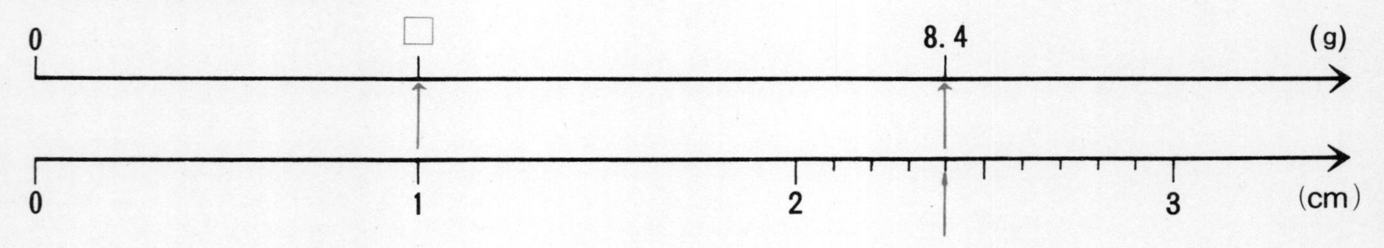

首先，在(1)的问题中，我们知道1分钟内可以装进2.4升的水，换句话说，已知基本量为2.4升，要求出8.4升相当于基本量的几倍，因此 $2.4\times\square=8.4$。这也是一个计算基本量的乘数的问题。

（2）的问题，也是计算基本量（1厘米铁丝的重量）的例子。已知基本量的2.4倍是8.4，因此可以列出 $\square\times2.4=8.4$ 的式子。于是，(2) 的问题也可以说是一个求被乘数的问题。

和乘法的关系

让我们仔细想清楚 (1) 和 (2) 除法的不同，观察它们和乘法之间的关系。首先，我们把以下的句子列成式子来计算。

水槽 1 分钟平均可以储存 4.2 升的水，1.5 分钟后水槽可以储存 6.3 升的水。

1 分钟可以储存 4.2 升的水，因此 4.2 是基本量，若用算式来表示就变成

$$4.2 \times 1.5 = 6.3$$

（基本数）

如果用数线来表示，就有了以下的图形。

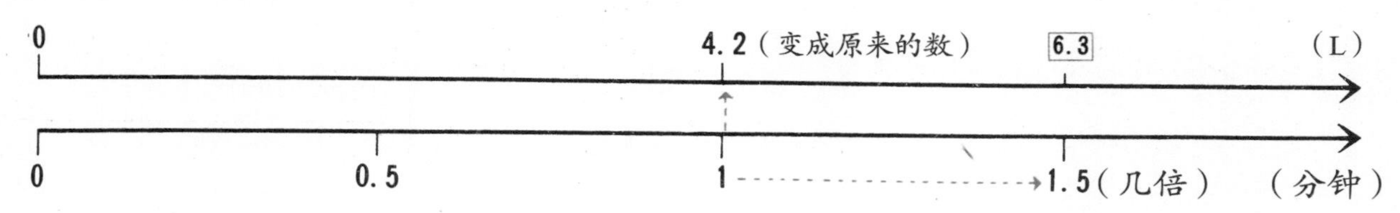

在这个问题中，我们要计算 6.3 升是 4.2 升的几倍，因此列成

$4.2 \times \square = 6.3$

$\square = 6.3 \div 4.2 = 1.5$（倍）

这和左边 (1) 的计算方法相同。

另外，我们还要计算 6.3 升是几升的 1.5 倍，因此列成

$\triangle \times 1.5 = 6.3$

$\triangle = 6.3 \div 1.5 = 4.2$（升）

这和 (2) 的计算方法相同。

我们把这些问题列成式子来计算，就可以计算出，除法中是乘以多少后才变成被除数的。

乘法 ←→ 除法

$A \times B = C$ → $C \div A = B$（求出几倍）

$A \times B = C$ → $C \div B = A$（相当于 1 的大小）

求出 6.3 升是 4.2 升的几倍

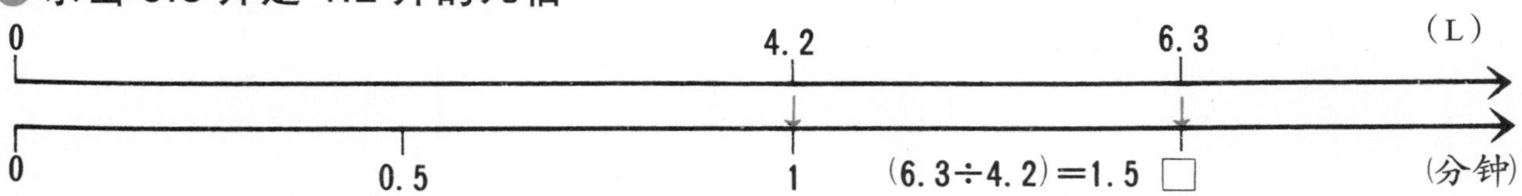

求出 6.3 升是几升的 1.5 倍

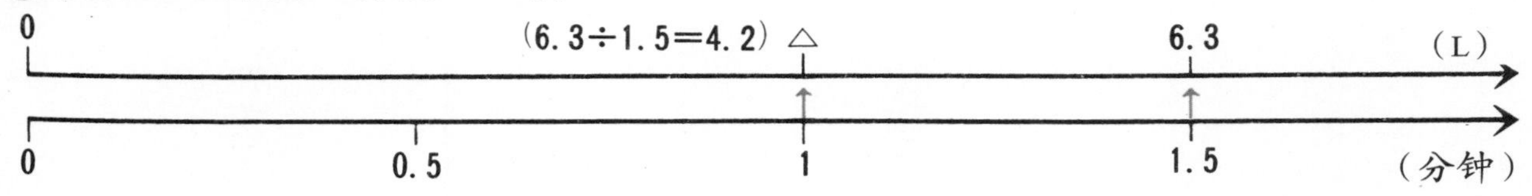

除以小数的计算方法

◉计算的方法

除以小数的计算，我们还不能直接来计算，但是我们已经学过除数是整数时的计算了。现在我们就先用把除数化为整数的方法来计算。

●计算倍数的问题

2.6 厘米是 0.8 厘米的几倍？

因为问题中问的是几倍，因此画成数线就成了以下①的情形。利用它列出一个计算商的式子，就是 2.6 ÷ 0.8。想想是不是还可以将这个式子换成整数的式子来计算？

这个问题的单位是厘米，如果把厘米换成毫米的单位，就变成

2.6（厘米）÷0.8（厘米）
↓
26（毫米）÷8（毫米）

也就是（整数）÷（整数）的式子。

如果利用数线来表示，就如下面②的情形。

26÷ 8 =3.25
↓
2.6÷0.8=3.25

因此，我们知道答案是 3.25 倍。

26（毫米）÷ 8（毫米）＝ 3.25 的商，是求倍数，因此位数就是这样。

在这个式子中，我们可以用 0.1 为单位来计算 2.6 ÷ 0.8。2.6 是集合了 26 个 0.1 的数，0.8 是集合了 8 个 0.1 的数，式子便可以列成 26 ÷ 8。

笔算是以整数除整数的形式，我们已经学过了，如右边的直式算法。

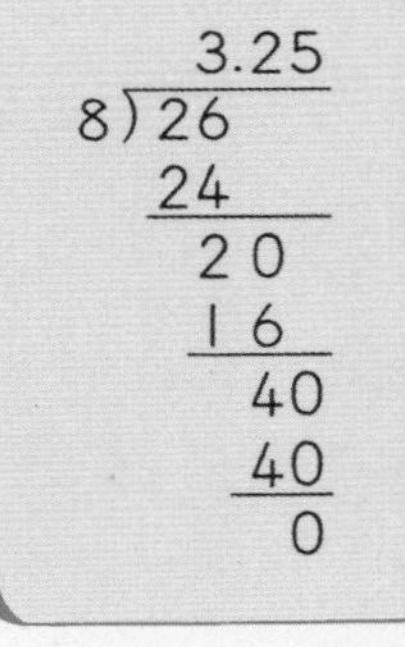

```
     3.25
8）26
   24
    20
    16
     40
     40
      0
```

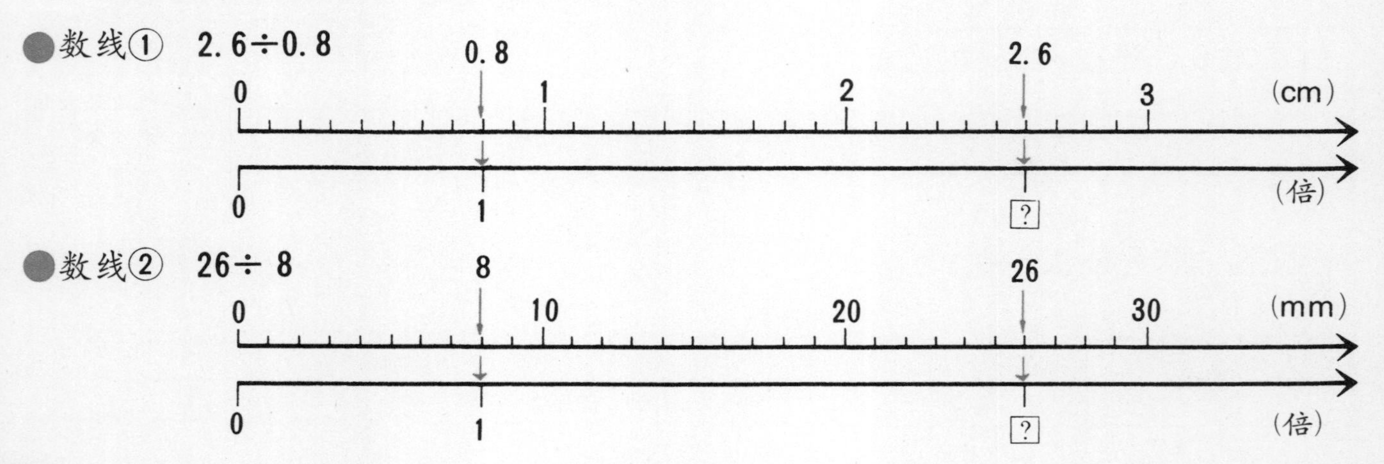

● 计算相当于 1 大小的问题

有一根长 2.6 米，重 0.8 千克的铁丝，这种铁丝 1 千克长几米？

这个问题是计算相当于 1 的大小，因此式子可以列成 2.6 ÷ 0.8，画成数线就成了以下的数线①。在这个数线中，不能直接计算出相当于 1 的数（□）。因此，我们要先想出相当于 0.1 的数的方法。

下面的数线②，是以 0.1 为单位，来表示数线①下面的数字。因此变成

0.1→1，0.8→8，1→10

在这个数线上，相当于 10 的数，就变成了相当于原来数线上的 1，首先，我们计算一下相当于 1 的数，可以列成这个式子来计算。

2.6÷8＝△

相当于 10 的数（在原来的数线上，是相当于 1 的数）可以用相当于 1 的数再乘以 10 倍。因此，可以列成：

2.6÷8×10＝□

我们已经学过用整数除小数的计算了。笔算时，则可以利用以下方法来计算。

从计算结果

$2.6 \div 0.8$

$= 2.6 \div 8 \times 10$

$= 0.325 \times 10$

$= 3.25$

得知，1 千克铁丝的长度是 3.25 米。

```
    0.325
 8)2.6
   2 4
     20
     16
      40
      40
       0
```

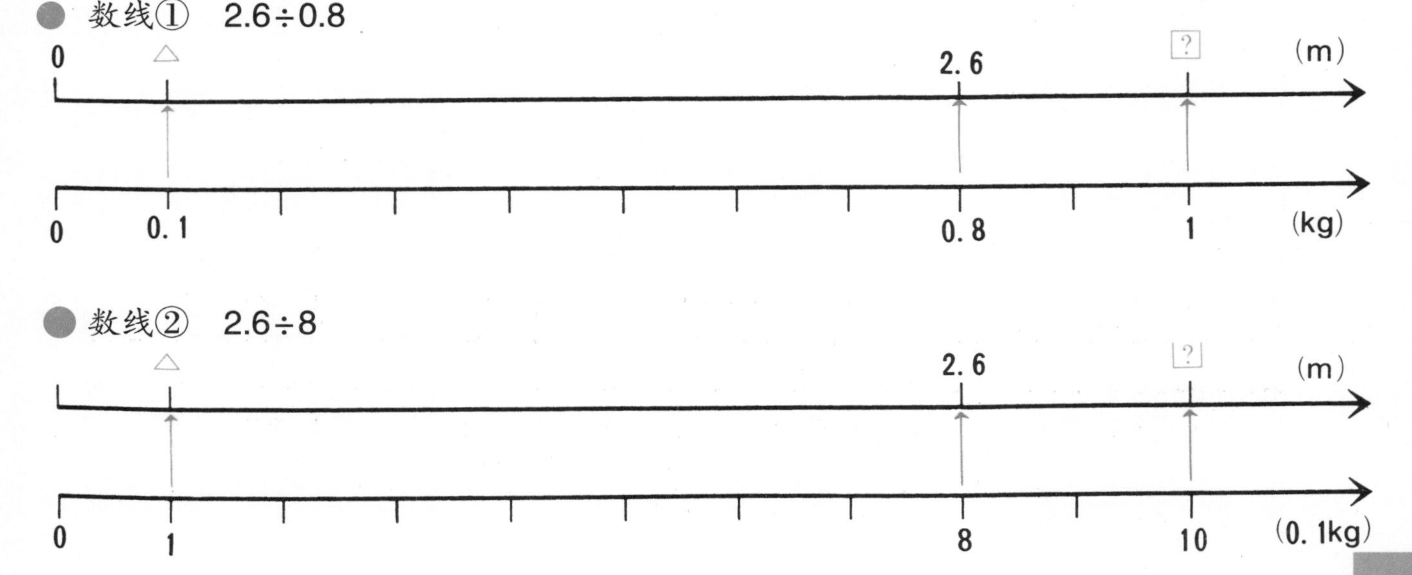

把除数换成整数

想想看，是不是有其他方法可以把除数换成整数呢？当我们在计算小数的乘法时，例如 12×0.3，可以把乘数 0.3 放大 10 倍，也就是 $12 \times 3 = 36$ 来计算，但求出的积还要缩小$\frac{1}{10}$，这才是正确答案。

那么，在除以小数的时候又如何呢？让我们来想想除法的性质。

例如：

$$6 \div 3 = 2$$

这个计算中，试着把除数和被除数乘以同样的数。

$$(6 \times 2) \div (3 \times 2) = 12 \div 6 = 2$$
$$(6 \times 3) \div (3 \times 3) = 18 \div 9 = 2$$

从以上算式中，我们可以知道在除法的计算中，即使除数和被除数都乘以同样的数，商也不会改变。

算算看 $2.6 \div 0.8$。把这个 0.8 乘上 10 倍就变成了整数。另外，也把被除数乘上 10 倍，成为 26，应该就可以求出商来了。

因此，

$$2.6 \div 0.8 = (2.6 \times 10) \div (0.8 \times 10) = 26 \div 8 = 3.25$$

就样，答案就算出来了。

除数和商的大小关系

请仔细观察下面的数线。相当于 1 的大小是 3.5。在这组数线中，如果用下面数线的数来除上面数线的数，可以求出商是 3.5。换句话说，就是把上面数线的数字当被除数，下面数线上的数字当除数，就可以计算出商是 3.5 了。例如 $4.2 \div 1.2 = 3.5$、$2.8 \div 0.8 = 3.5$ 等。

因此，我们知道如果除数比 1 大，商就会比被除数小；而如果除数比 1 小，商就会变得比被除数大。从这一点，我们可以得知商和被除数的大小关系会随着除数的不同而改变。

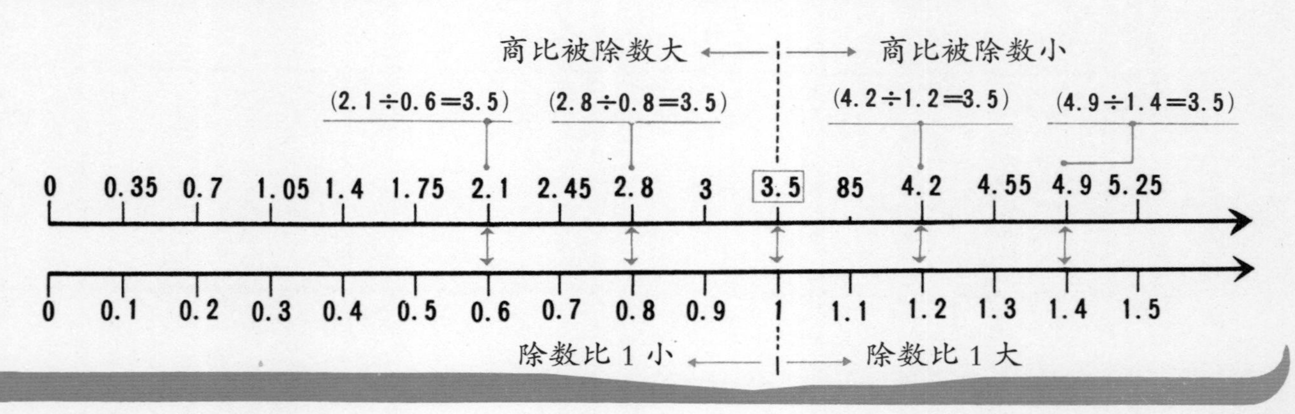

接下来，我们再来算算 2.9÷1.16。

在这个式子中，即使把除数放大 10 倍，还是小数 11.6，因此要再放大 10 倍。换句话说，1.16 必须放大 100 倍才能变成整数。当然被除数也要放大 100 倍。

$$2.9 \div 1.16 = (2.9 \times 100) \div (1.16 \times 100)$$
$$= 290 \div 116$$

像这样，在除以小数的计算中，可以把除数变成整数，在除数和被除数的两边都乘上 10 的倍数 (10、100……)，变换成除以整数的计算。

◉笔算的方法

现在，让我们来想想 2.6 ÷ 0.8 这个式子的笔算方法。计算 2.6 ÷ 0.8，要把除数和被除数放大 10 倍，以 26 ÷ 8 或是以 2.6 ÷ 8 × 10 来计算。把它们列成直式来笔算看看。

```
①    3.25          ②    0.325
  8)26                8)2.6
    24                  24
     20                  20
     16                  16
      40                  40
      40                  40
       0                   0
```

在②的式子中，如果把它的商再放大 10 倍，就是正确答案。但是，在计算 2.6 ÷ 0.8 的时候，光看笔算的算式是不能理解的。因此，有了以下所列的方法。

以 2.6 ÷ 0.8 的笔算形式来写。

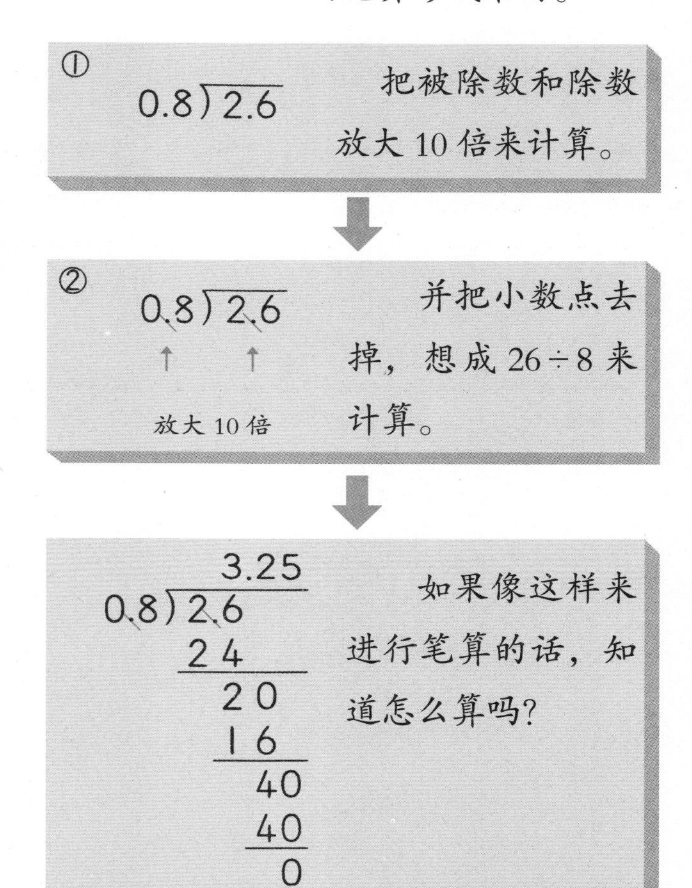

①
0.8)2.6
把被除数和除数放大 10 倍来计算。
②
0.8)2.6
放大 10 倍
并把小数点去掉，想成 26÷8 来计算。
3.25
0.8)2.6
24
20
16
40
40
0
如果像这样来进行笔算的话，知道怎么算吗?

如右式，因为除数的小数有两位，因此我们把除数放大 100 倍来计算，消掉小数点，而被除数也要放大 100 倍，并且把小数点的位置向右挪两位，这样就可以计算了。

```
         3.1
0.21)0.65.1
       63
        21
        21
         0
```

◉余数的求法和答案的验算

●余数的大小

从 28 米的带子中，可以取得几条 2.5 米的带子？还剩下几米？

在小数的除法中，我们要怎样求出余数呢？我们以带子的问题为例来想想看。

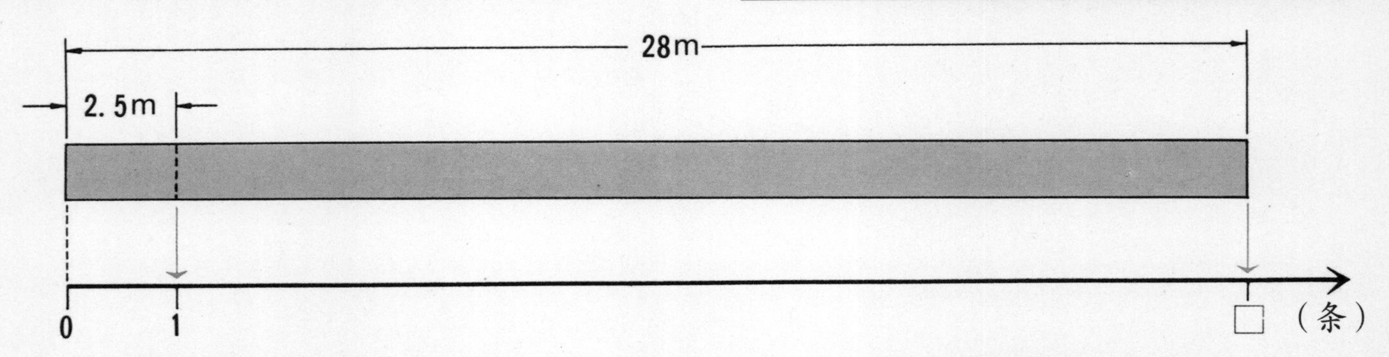

利用以前所学的方法来画数线，如上图所示。另外，这个问题也可以用

28÷2.5

的式子来计算。结果变成

$$28 \div 2.5 = 11.2$$

但是，这样就可以了吗？是不是有点奇怪呢？因为我们求的是带子的条数，所以答案一定是整数。因此，只要计算出整数部分，就可以求出答案是 11 条了。

那么，还剩下几米呢？

我们可以从笔算的式子来看，余数是 5。但是，这个 5 是 280÷25 的余数，因此余数也放大了 10 倍。所以我们还要把余数乘以 $\frac{1}{10}$，变成 0.5 米。

在实际的笔算中，余数的小数点也要像右边一样对齐被除数原来的小数点，并标出来。

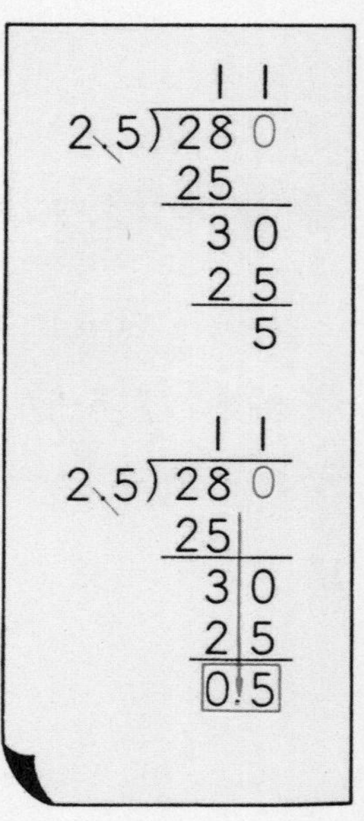

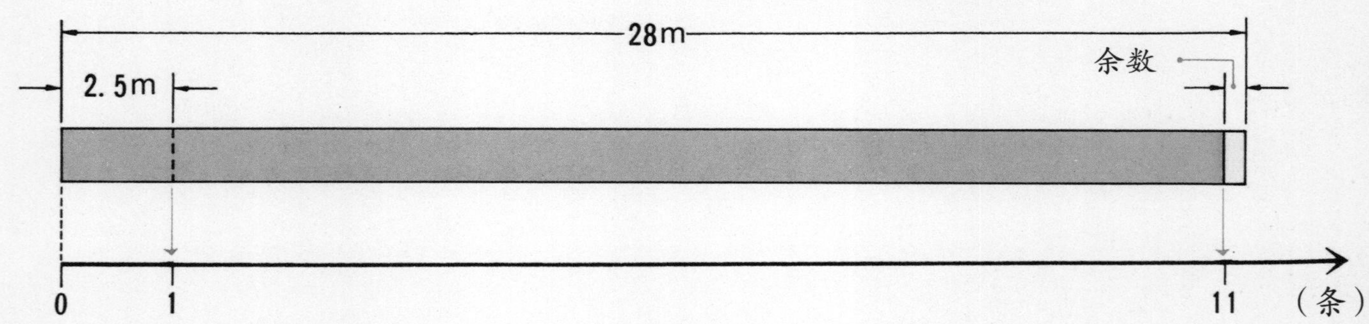

答案的验算方法

在前一页的问题中，我们求出的条数和余数的答案是不是正确呢？

除法的答案可以用以下方法来验算。

（除数）×（商）+（余数）=被除数

应用这个式子来验算看看，

2.5×11 = 27.5……11 条带子的长度

27.5 + 0.5 = 28……原来的带子长度

因此，我们知道这个除法的计算是正确的。

大家都清楚除以小数的除法计算了吧？现在我们再来看看除以小数的除法中会遇到什么样的问题。

综合测验

1 在下面的□中，填入适当的数。

①0.6 千克 12 元的香菇，1 千克□元，0.4 千克□元？

②2.4 千米的路程，平平要花 0.5 小时走完。那么 1 小时可以走□千米。

③1.6÷1.25 的计算，可以列成（1.6×□）÷（1.25×□）来计算。

2 计算下列各题

① 2.5)6.4　　② 4.3)0.86

③ 10.2÷0.85　　④ 2.48÷0.8

⑤ 15.82÷4.52　　⑥ 46.2÷0.21

3 计算下列各题，请算出整数的答案，并求出余数。

① 13÷1.5　　② 4.21÷0.3

③ 12.1÷3.1　　④ 0.62÷0.14

4 从一条 2.3 米长的带子中，可以取得几条长 0.4 米的带子呢？

整理

(1)1.5÷1.2 的式子，运用在下列两种意义不同的问题中。

①求出 1.5（千克）是 1.2（千克）的几倍？

②如果 1.5（米）是某个长度的 1.2 倍，求相当于 1 的长度大小。

(2) 除以小数的除法笔算，要先把除数变成整数，并挪动小数点的位置之后再计算。

1.2)5.22

0.8)46

(3) 除法的余数要和原来被除数的位数对齐。

答：1 ①20、8　②4.8　③100、100　2 ①2.56　②0.2　③12　④3.1　⑤3.5　⑥220　3 ①8 余 1　②14 余 0.01　③3 余 2.8　④4 余 0.06　4 5 条，剩下 0.3 米

3 小数的乘法

整理

1 被乘数乘以小数的意义

2.6×3 的乘数是整数，所以式子可以写成 2.6＋2.6＋2.6 的加法形式。但是，2.6×4.5 的乘数为小数，式子不可以写成加法的形式。

2.6×4.5 如果把 2.6 当作 1，也就是求相当于 4.5 倍的数，所以是 2.6 乘以 4.5 倍。

2.6×3 如果把 2.6 当作 1，也就是求相当于 3 倍的数。

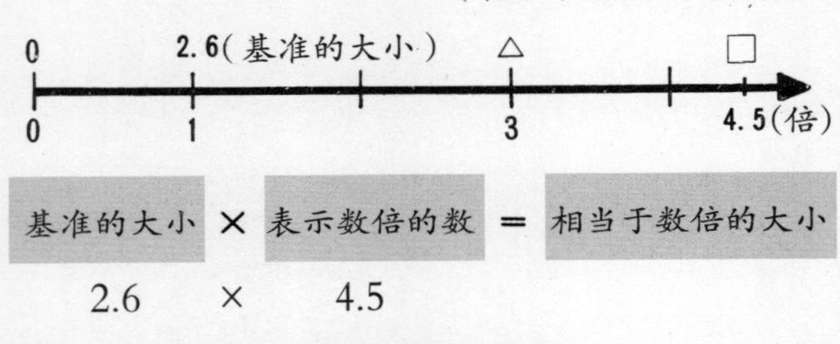

2.6 × 4.5

2 小数 × 小数的计算方法

(1) 计算的方法

例：2.34×5.2，改写为整数 × 整数，然后再计算。

2.34×100 倍等于 234

5.2×10 倍等于 52

234×52 ＝ 12168，因为被乘数已经乘以 100 倍，而乘数已经乘以 10 倍，所以 2.34×5.2 的积是 234×52 的积的 $\frac{1}{1000}$，2.34×5.2 ＝ 12.168。

(2) 笔算的方法：

例：

```
    2.34  → 小数点右边的位数，2 位数
 ×   5.2  → 小数点右边的位数，1 位数
 -------
     468     小数点右边的位数，3 位数
   1170
 -------
  12.168
```

① 把小数点去掉并当作整数计算。

② 求出被乘数与乘数小数位数的和。

③ 积的小数点右边位数等于②所求得的位数之和。在积上添加小数点。

试试看，会几题？

1 右图的澡堂里有 1 个长方体的澡池。澡池内侧的长是 4.2 米，宽是 1.3 米，深是 0.6 米。这个澡池的容积是多少立方米？

2 石油桶的容量是 18 升，现在装进的石油量是石油桶全部容量的 0.75，那么装进了多少升的石油？

3 人体血液的重量大约是体重的 0.08 倍。体重如果是 47.5 千克，血液大约是多少千克？

4 铁管每 1 米重 2.3 千克，4.2 米长的铁管重多少千克？

5 小明的体重是 28.5 千克，哥哥的体重是小明的 1.6 倍，弟弟的体重是小明的 0.8 倍。

(1) 哥哥和弟弟的体重分别是多少千克？

(2) 哥哥和弟弟的体重相差多少千克？

答：1 3.276 立方米　2 13.5 升　3 3.8 千克　4 9.66 千克　5 (1) 哥哥→45.6 千克，弟弟→22.8 千克 (2) 22.8 千克

解题训练

■先求出基准的大小，再求出相当于某个比例的大小

◀ 提示 ▶

先求出2人每小时步行的路程相差多少千米?

1 小明每小时步行3.8千米，小华每小时步行4.2千米。如果2人从同一个地点同时出发，经过4.3小时以后，2人步行的路程相差多少千米?

● 解法

求出2人每小时步行路程的差距。

1小时中2人步行路程的差距是

$4.2-3.8=0.4$（千米）

因为步行了4.3小时，所以是1小时的4.3倍，

$(4.2-3.8)\times4.3=1.72$（千米）

答：相差1.72千米。

■先求出比例的和，再求出相当于某个比例的大小

◀ 提示 ▶

如果把去年的量当成1，今年收成的量相当于多少?

2 去年，小华家的番茄收成是620.5千克，今年的收成比去年多出0.2倍。小华家今年的番茄收成是多少千克?

● 解法

把去年的量当作1。

0　620.5　□　（千克）

0　1　0.2　（1＋0.2）　（倍）

把去年的收成量当作1，今年的收成比去年多0.2倍，所以今年的量是$1+0.2=1.2$（倍）。

去年的收成量是620.5千克，所以

$620.5\times(1+0.2)=620.5\times1.2=744.6$（千克）。

答：今年的收成是744.6千克。

■连续算两次比例

◀ 提示 ▶

先求出第一次的反弹高度。

3 1个球每次掉落地面时的反弹高度是每次掉落高度的0.8倍。如果这个球从1.8米的高处落下，第二次的反弹高度多少米？

● 解法

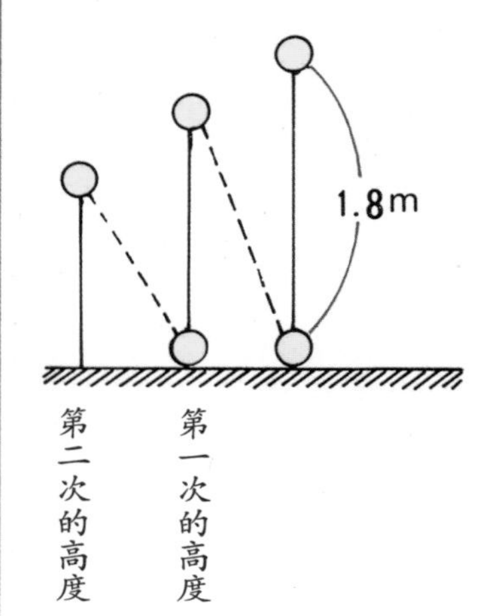

第二次的反弹高度是第1次反弹高度的0.8倍。

第一次的反弹高度是

$1.8\times0.8=1.44$（米）

第二次的反弹高度是第一次反弹高度的0.8倍，所以是

$1.44\times0.8=1.152$（米）

如果把2个算式改写成1个算式便是

$1.8\times0.8\times0.8=1.152$

答：1.152米。

■连续算两次比例

◀ 提示 ▶

求出第二次使用量占全部面粉多少比例。

4 有8.5千克的面粉分2次使用。第一次用了全部面粉的0.6倍，第二次的使用量是剩余面粉的0.8倍。第二次使用的面粉是多少千克？

● 解法　求出第二次的面粉使用量占全部面粉的多少比例。

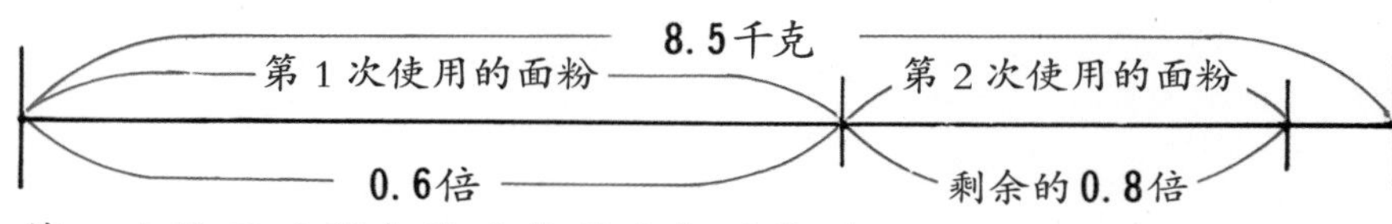

第一次使用后剩余的面粉是全部面粉的

$1-0.6=0.4$，

第二次使用的面粉是剩余面粉的0.8倍，所以是

$0.4\times0.8=0.32$，也就是全部面粉的0.32倍。

第二次使用的面粉量是

$8.5\times(0.4\times0.8)=2.72$。

答：第二次使用的面粉是2.72千克。

加强练习

1 油桶里装着 6 升的油，油桶的管子每打开 1 次，流出的油是桶内油量的 0.4。管子打开 3 次以后，油桶里还剩余多少升的油？

2 有 1 个空水槽，甲水管每分钟的流水量是 2.6 立方米，乙水管每分钟的流水量是 1.8 立方米。

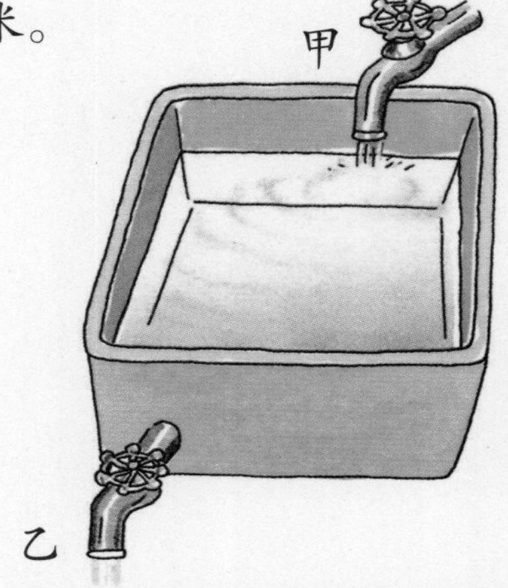

首先将甲水管打开 2.5 分钟，接着甲、乙两个水管同时打开 4.6 分钟，然后同时关闭两个水管。最后，水槽里总共储存了多少立方米的水？

解答和说明

1 管子每打开 1 次，流出的油是桶内油量的 0.4，所以剩余的油量是：

第一次 $6\times(1-0.4)=3.6$

第二次 $3.6\times(1-0.4)=2.16$

第三次 $2.16\times(1-0.4)=1.296$

$6\times(1-0.4)\times(1-0.4)\times(1-0.4)=1.296$

答：1.296 升。

2 甲水管在 2.5 分钟内储存于水槽里的水量是 $2.6\times2.5=6.5$(立方米)

甲、乙两个水管同时打开 1 分钟的储水量是 $(2.6-1.8)$ 立方米，所以 4.6 分钟的储水量是 $(2.6-1.8)\times4.6$，把 2.5 分钟的储水量加上 4.6 分钟的储水量便是

$2.6\times2.5+(2.6-1.8)\times4.6=10.18$

答：10.18 立方米。

3 首先绘图表示各种不同的面积。

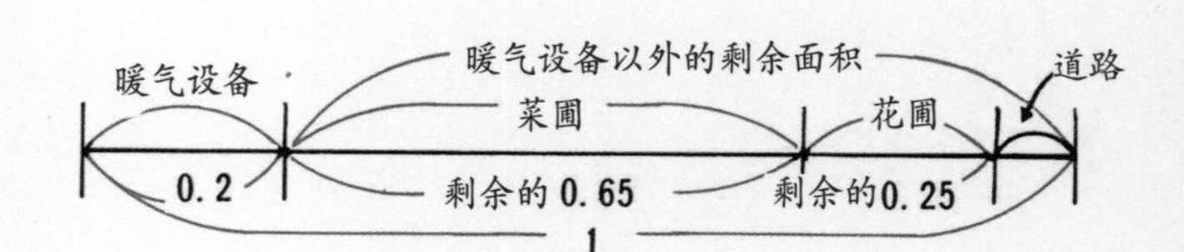

(1) 把温室的全部面积当作 1，暖气设备除外的面积是 $1-0.2=0.8$，也就是全部面积的 0.8。道路是暖气设备以外剩余面积的 $1-(0.65+0.25)=0.1$，也就是剩余

3 长方形温室的长是30米，宽是18.5米。暖气设备的面积是温室全部面积的0.2，剩余的面积作为菜圃、花圃和道路。

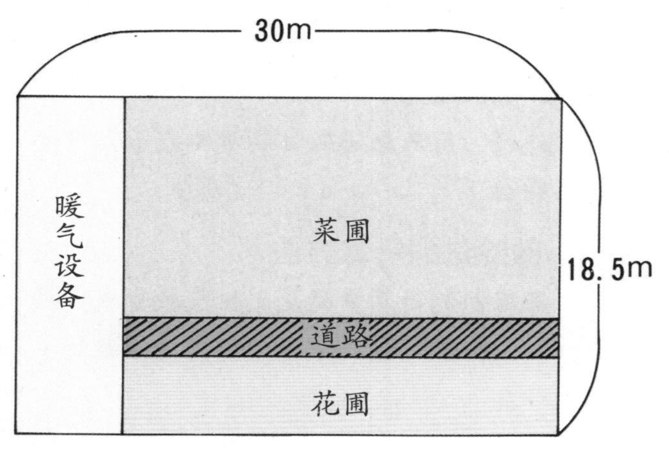

其中菜圃的面积是剩余面积的0.65，花圃的面积是剩余面积的0.25。

(1) 如果把温室全部的面积当作1，道路的面积是温室全部面积的几倍？

(2) 菜圃和花圃的面积各是多少平方米？

面积的0.1，而剩余面积又是全部面积的0.8，所以道路的面积是0.8的0.1，也就是$0.8\times0.1=0.08$，也就是温室全部面积的0.08。

答：0.08。

(2) 温室的全部面积是$18.5\times30=555$（平方米）。

如果把温室全部面积当作1，菜圃的面积是$555\times0.8\times0.65=288.6$（平方米）

同样地，花圃的面积是0.8的0.25，所以是$555\times0.8\times0.25=111$（平方米）

答：菜圃面积是288.6平方米，花圃面积是111平方米。

应用问题

小英的哥哥体重是48.5千克，爸爸的体重是哥哥体重的1.4倍又多2.1千克，小英的体重是爸爸的0.46倍。哥哥的体重比小英重多少千克？

答：16.3千克。

4 小数的除法

整理

1 什么时候可以使用小数的除法

(1) 求比例的时候

把基准的大小写作1时，计算某数相当于基准大小的多少或几倍，可以采用小数的除法。

铁丝每1米的重量是125.8克，求314.5克重的铁丝长多少米便要用小数的除法。

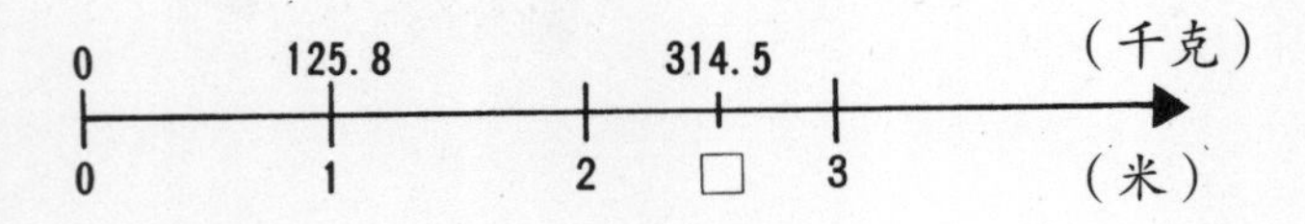

把125.8克当作1，314.5克就是125.8克的倍数。所以

125.8× □= 314.5

□= 314.5÷125.8，由此可以求出答案。

(2) 求大小相当于1的数

（求原来的大小）

（求基准的大小）

铁丝2.5米的重量是300克，如果求每1米的重量，可以按照下图把1米重量的2.5倍当作300克。

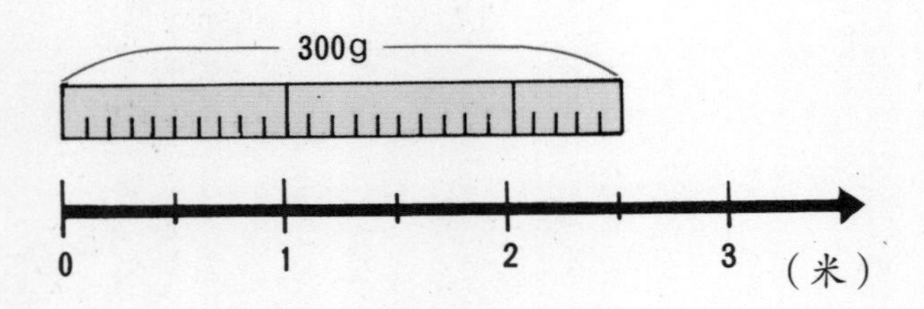

□ ×2.5 = 300

此外，当300克相当于2.5时，可以求大小相当于1的数是多少克。

□= 300÷2.5

像这样，用数线将题目的重点表示出来便容易明白了。

2 小数除法的计算方法

小数除法的计算步骤是先把除数变成整数，再按照除数移动的小数位调整被除数的小数点位置。

(1)300÷2.5　　2.5 乘以 10 倍　25

300 乘以 10 倍　3000

2.5)300.0

接下来的算法和整数的除法相同

（可以当成以0.1为单位而非10倍）

(2) 在除法中，除数和被除数如果同时除以或乘以某个相同的数，商不会改变。

试试看，会几题？

1 星期天，小英和家人在院子里搭吊床。小英买了 3.4 米长的布料，布料费是 850 元。这块布每 1 米是多少钱？

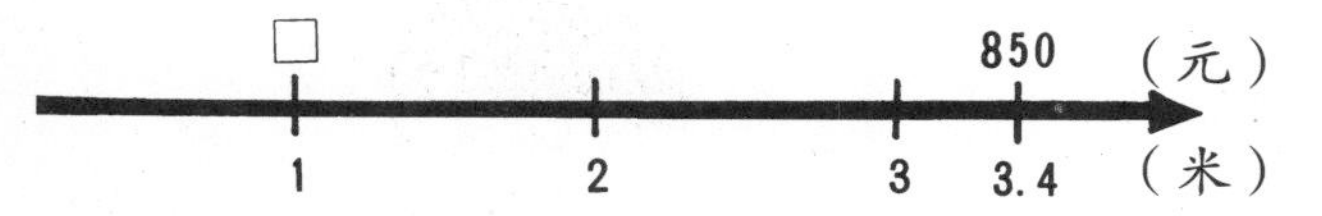

2 爸爸担心自己的体重太重，容易压坏吊床。小明的体重是爸爸体重的 0.4 倍，也就是 27.4 千克。算算看，爸爸的体重是多少千克？

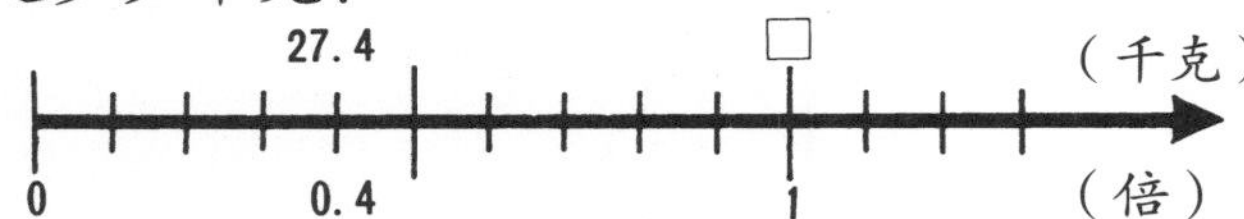

3 吊床使用麻绳长 8.5 米，如果把这条长麻绳剪成 0.5 米的小段，总共可以剪成多少小段？

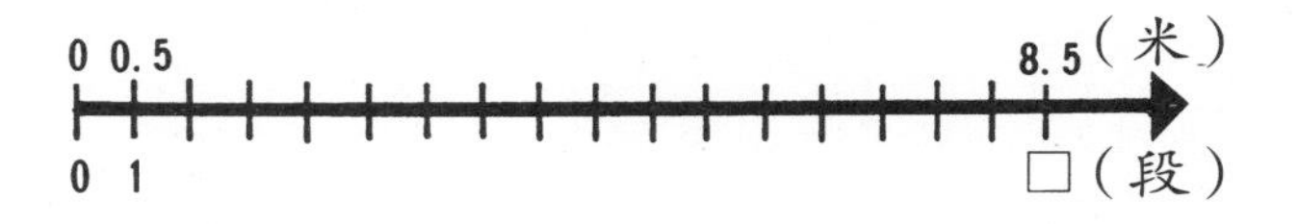

4 金鱼缸里有 6.5 升的水，如果把鱼缸里的水注入瓶子里，每瓶装 0.2 升，总共可以装几瓶？最后还剩多少升的水？

答：1 250 元 2 68.5 千克 3 17 段 4 32 瓶，剩余 0.1 升

解题训练

■ 求出某数是某数的几倍

1 有87.5千克的沙子，如果用3.2千克装的罐子搬运，总共要几次才能把沙子全部搬完？注意，罐子只有1个。

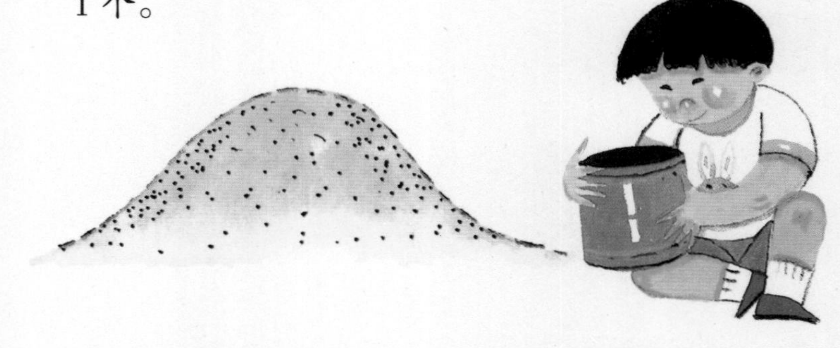

◀ 提示 ▶

先求出87.5千克究竟是3.2千克的几倍，并列出算式。想想看，如果不能整除应该怎么办？

● 解法

(1) 先求出87.5千克是3.2千克的几倍，因为
3.2×□＝87.5，所以□＝87.5÷3.2。

(2) 计算看看。

```
        2 7
3.2 ) 8 7.5
      6 4
      -----
      2 3 5
      2 2 4
      -----
        1.1
```

在这个步骤中，最重要是必须对答案有个预先的概念。因为题目是“总共要搬几次才能把沙子运完？”所以求得的答案一定是整数。

(3) 由上面的计算得知被除数无法被整除。87.5÷3.2＝27余1.1，如果搬运27次，还会剩余1.1千克的沙子，所以必须再加上1次，才能全部搬运完毕。即：27＋1＝28

答：28次。

※ 按照上面的方法计算之后，再把题目重新看一遍，想想看如何作答最恰当。

■ 求出比例的练习

2 有 1 升的食盐水，水中溶入了 86.4 克的食盐。如果从这些食盐水中取出 21.6 克的食盐，必须取出多少升的食盐水？

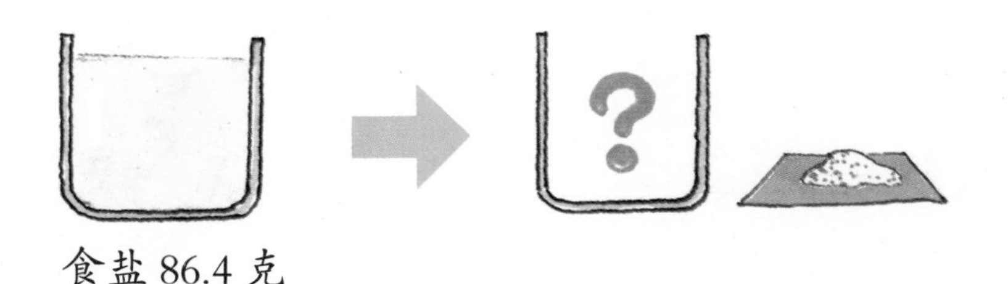

食盐 86.4 克

◀ 提示 ▶

利用数线把题目重点列出。使用 X 并运用乘法的算式来表示。

● 解法

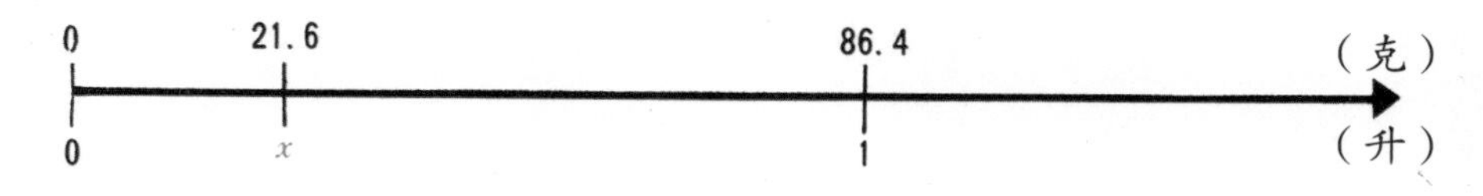

利用数线把题目的重点列出便成为上图。由上图可以看出，如果把 86.4 当作 1，并求出 21.6 所占的比例，便可求出食盐的数量。

此外，也可以把 21.6 当作 86.4 的 X 倍。

算式是 $86.4\times X=21.6$

$X=21.6\div86.4$

（计算的方法）（商比 1 小的情况）

```
           0.25
86.4 ) 21.6.0
       1728
        4320
        4320
           0
```

①除数和被除数各乘以 10。
② 216 除以 0.1 等于 2160，商的小数第 1 位是 2。
③ 43.2 除以 0.01 等于 4320，商的小数第 2 位是 5。
答：0.25 升。

■ 求大小相当于 1 的数

3 18.5 立方厘米的铜重量是 165.2 克。那么 1 立方厘米的铜重量大约是多少克？
用四舍五入法求到小数点后 1 位。

◀ 提示 ▶

利用数线表示题目的重点。

● 解法

(1) 利用数线表示题目的重点。

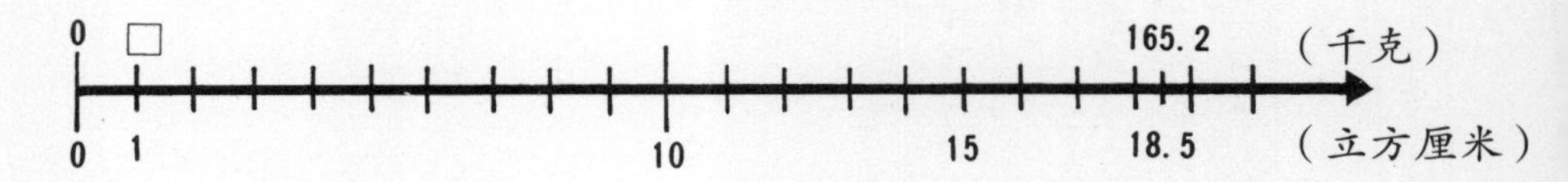

(2) 用乘法的算式表示，由上图得知□克的 18.5 倍等于 165.2 克。

□ $\times 18.5 = 165.2$

(3) 求□的答案时

□$= 165.2 \div 18.5$

（计算的方法）（用四舍五入法求商的情况）

```
           8.9 2
18.5 )165.2
       148 0
        17 20
        16 65
           550
           370
           180
```

①除数和被除数各乘以 10。
（或者可以用 0.1 作为单位）
②做整数 ÷ 整数的计算。
（算到小数点后 2 位）
③把小数点后第二位四舍五入。
由上面的计算求得答案大约是 8.9 克。
答：约 8.9 克。

■求基准的大小（求大小相当于1的数）

4 甲、乙两个水槽里都装着水。乙水槽里原有3.5升的水，后来又加进1.24升的水，结果乙水槽的水变成甲水槽水量的1.2倍。请问甲水槽里有多少升的水？

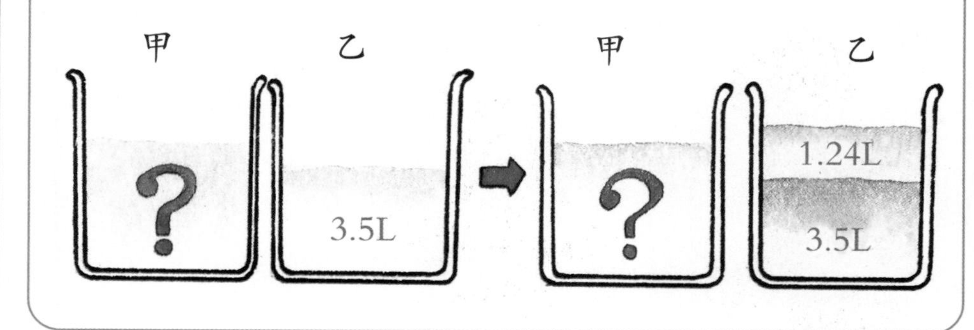

◀ 提示 ▶

想想看，用什么做基准？大小相当于1的数是什么？

● 解法

3.5升加上1.24升等于甲水槽水量的1.2倍，所以可以用下列算式表示。把甲水槽的水量当作□，

$\square \times 1.2 = 3.5 + 1.24$

$\square = (3.5 + 1.24) \div 1.2$

如果用数线表示就变成下图的形式。

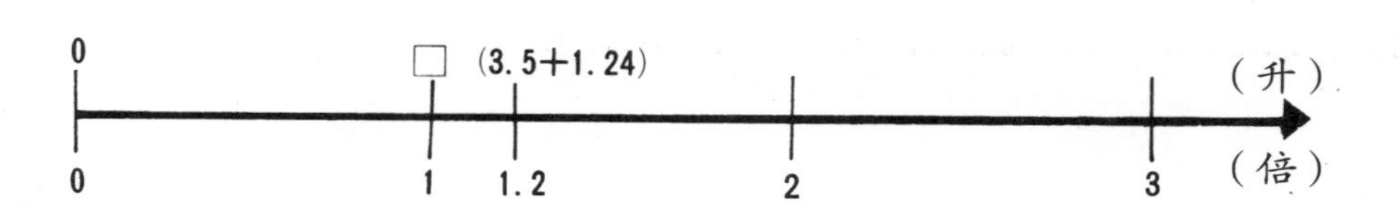

（计算的方法）

(1) 先计算加法。

$3.5 + 1.24 = 4.74$

(2) 计算 $4.74 \div 1.2$。

①除数和被除数各乘以10。

②计算 $47.4 \div 12$。

(3) 答案是3.95升。

答：3.95升。

```
         3.95
1.2 ) 4.7.4
      3 6
      ---
      1 1 4
      1 0 8
      -----
          6 0
          6 0
          ---
            0
```

加强练习

1 小华和小玉用扩胸器做健身运动。小华拉的长度是扩胸器原来长度的 1.6 倍。小玉拉的长度是扩胸器原来长度的 1.4 倍。

两人所拉的长度相差 15.6 厘米。扩胸器原来的长度是多少厘米?

2 下图是各种果园的面积比例。

苹果园	梨园	桃园

梨园的面积是苹果园的 0.56，桃园的面积是梨园的 0.75。

梨园和桃园的面积总和比苹果园小 3a。

(1) 桃园的面积是苹果园的几倍?

(2) 三种果园的面积各是多少 a ?

解答和说明

1 先画出图来仔细想一想。下图是利用数线把题目的重点列出，但因为不太明确，所以先计算 15.6 厘米是原来长度的几倍。

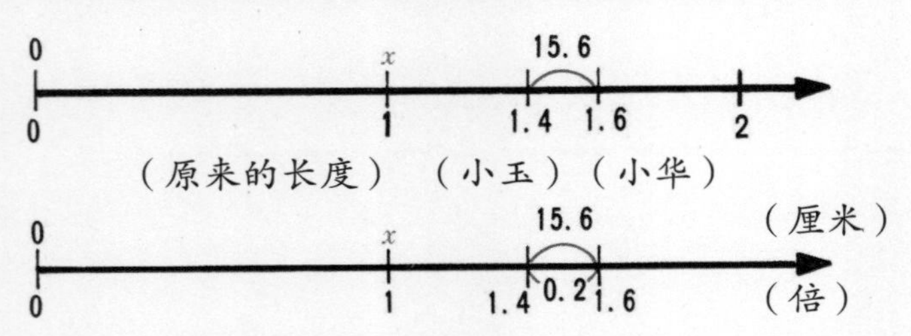

由上图得知 15.6 厘米是原来长度的 0.2 倍。

$x \times 0.2 = 15.6$，$x = 15.6 \div 0.2 = 78$

答：78 厘米。

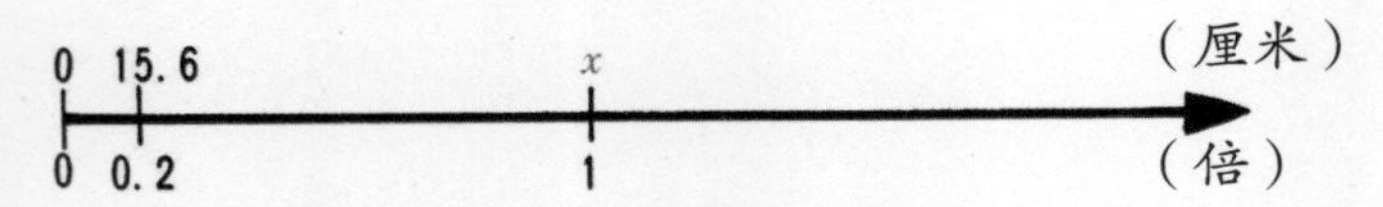

2 桃园的面积为梨园的 0.75，所以是以梨园做基准，也就是把梨园当作 1 来求得的比例。如果以苹果园的面积做基准，桃园面积的大小是 0.56 的 0.75 倍。

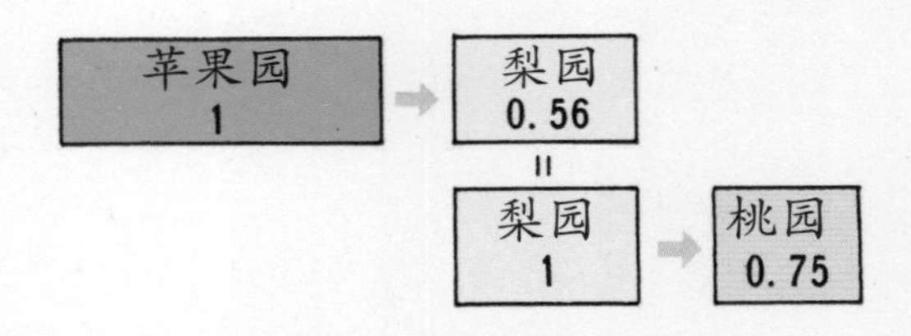

$0.56 \times 0.75 = 0.42$。

答：0.42 倍。

(2) 如果把苹果园的面积当作 1，梨园的面积是 0.56，桃园是 0.42。梨园和桃园面积的总和是 0.56+0.42，而苹果园面积与这二者面积总和的差是 $1-(0.56+0.42) = 0.02$。

$3 \div 0.02 = 150$(a)……苹果园

$150 \times 0.56 = 84$(a)……梨园

$150 \times 0.42 = 63$(a)……桃园

3 小学附近的住宅区越来越大，学生人数也越来越多。去年的学生人数比前年学生人数多了 0.2 倍，今年又比去年的学生人数多 0.25 倍。

(1) 小英利用下面的算式（$0.2 + 0.25 = 0.45$，所以增加 0.45 倍）计算今年学生人数比去年人数多出 0.45 倍。这种算法是不是正确？如果不正确，请用小数写出正确的答案。

(2) 今年的学生人数是 720 人，前年的人数是多少？

答：苹果园 150a，梨园 84a，桃园 63a。

3 (1) 0.2 是以前年学生人数为基准求得的比例，0.25 是以去年的学生人数为基准求得的比例，所以 0.2 与 0.25 不能相加或相减。

把前年的学生人数当作 1 时，去年增加 0.2，所以去年的学生人数是 1.2。今年人数比去年的 1.2 增加 0.25，所以是 $1.2 \times 0.25 = 0.3$，也就是增加了 0.3，把前年的学生人数当作 1 时，去年的人数增加 0.2，而今年比去年增加 0.3，所以今年比前年增加 $0.2 + 0.3 = 0.5$，也就是增加了 0.5。

(2) 把前年的学生人数当作 1，$1 + 0.2 = 1.2$，去年学生人数的比例 $1.2 \times (1 + 0.25) = 1.5$，今年学生人数的比例如果把前年的学生人数当作 x，算式是 $x \times 1.5 = 720$，$x = 720 \div 1.5 = 480$(人)

答：（1）不正确。正确的答案是 0.5。

（2）480 人。

应用问题

1 小英和小玉把一条丝带分成两段。小英分得的丝带长度是丝带全长的 0.55，比小玉的丝带长 4.5 厘米。原来的丝带全长是多少厘米？

2 去年 4 月，小青的身高是 132.3 厘米，刚好是弟弟身高的 1.08 倍。今年 4 月，小青的身高比去年多了 6.4 厘米，弟弟的身高比去年多了 4.8 厘米。今年小青的身高大约是弟弟身高的几倍？

（答案用四舍五入法求到小数点后 2 位）

3 有甲、乙两个长方形。乙长方形的面积是甲长方形面积的 0.8 倍。如果按照下图把两个长方形重叠，重叠部分的面积是乙长方形面积的 0.2 倍。此外，用粗线围住的全部面积是 123 平方厘米。那么甲长方形的面积是多少平方厘米？

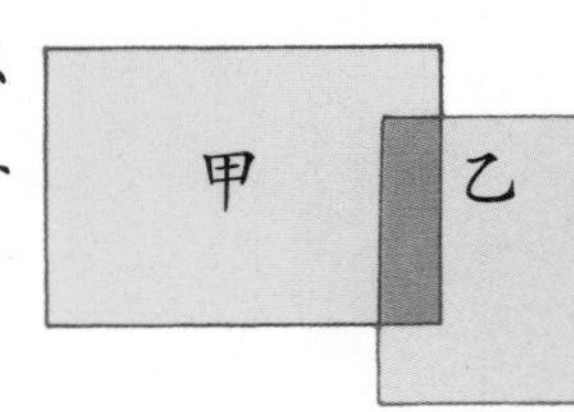

答：

1 $4.5 \div (0.55 - 0.45) = 45$（厘米）

2 $(132.3 + 6.4) \div (132.3 \div 1.08 + 4.8)$

$= 1.089$，即约 1.09 倍。

3 $0.8 \times 0.2 = 0.16$

$123 \div (1 + 0.8 - 0.16) = 75$（平方厘米）

5 小数的乘法和除法

整理

1 (1) 小数 × 整数的意义

和整数 × 整数一样，小数 × 整数的乘法运算是用于求某数的倍数。

〈例〉

4.3 米的 6 倍长多少米?

4.3×6 = 25.8　　答: 25.8 米。

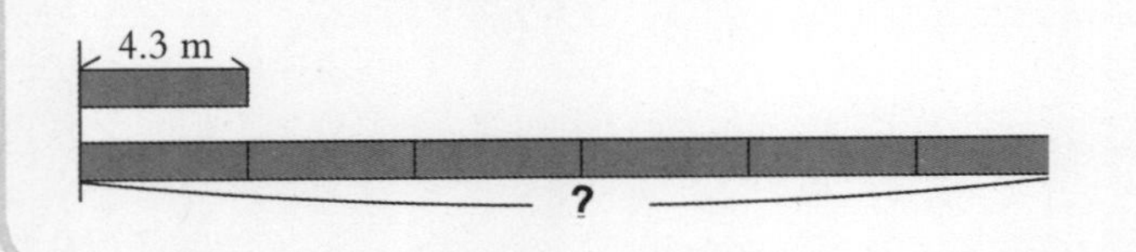

(2) 小数 × 整数的计算意义和计算方法

4.3×6, 4.3 是 0.1 的 43 倍。

4.3×6 = 0.1×43×6, 因此, 可以用这种方式计算。

$$\begin{array}{r} 4.3 \\ \times\ 6 \\ \hline \end{array} \rightarrow \begin{array}{r} 43 \\ \times\ 6 \\ \hline 258 \end{array} \rightarrow \begin{array}{r} 4.3 \\ \times\ 6 \\ \hline 25.8 \end{array}$$

(4.3×6) ➡〔0.1×(43×6)〕➡ (0.1×258) ➡回到以 1 为单位的数 (25.8)。

试试看，会几题?

1 有一座长方形的牧场，周围每隔 1.8 米设立一根木桩，总共 150 根木桩，木桩上还绕着绳子。牧场四周的绳子共有多少米?

2 牧场每天运送 0.34 升的牛奶到工厂加工。1 个月（30 天）总共运送多少升的牛奶?

3 木桩每根重 1.25 千克，150 根木桩的总重量是多少千克?

2 (1) 小数 ÷ 整数的意义

和整数 ÷ 整数一样，小数 ÷ 整数的除法运算可用于下面两种情形。

①计算全部的份数

〈例〉

把 13.5 升的油分装于 3 升装的瓶里，共需几个瓶子？

$13.5 \div 3 = 4 \cdots\cdots 1.5$

剩余的 1.5 升必须装于另一个瓶子。

答：5 个。

②计算平分后每一份的大小

〈例〉

把 13.5 升平分为 3 等份，每 1 份是多少升？

$13.5 \div 3 = 4.5$　　答：4.5 升。

(2) 小数 ÷ 整数的计算意义和计算方法

13.5 ÷ 3 的笔算方法

$13.5 \div 3 = 0.1 \times (135 \div 3)$

$= 0.1 \times 45$

$= 4.5$

```
     45
3 ) 135
    12
     15
     15
      0
```

●商的个位，13÷3＝4余1

●打上小数点

●商的小数第一位（$\frac{1}{10}$ 的倍数）15 ÷ 3 ＝ 5，做小数 ÷ 整数的计算时，要注意小数点的位置。

```
      4            4.5
3 ) 13.5  ➡  3 ) 13.5
    12           12
     1 5          1 5
                  1 5
                    0
```

4 有 64.8 千克的干草，平分给 18 头牛吃，每头牛平均可以吃到几千克干草？

5 有 27 升的水，由 18 头牛平分，每头牛可以喝到几升水？

6 小明沿着牧场四周的绳子步行了一圈，总共走 450 步。小明每步的步长是几米？

答：1 270 米　2 10.2 升　3 187.5 千克　4 3.6 千克　5 1.5 升　6 0.6 米

解题训练

■**小数的乘法计算**

1 在池塘四周每隔14.7米种植一棵树，共种了18棵。池塘的周长是多少米？

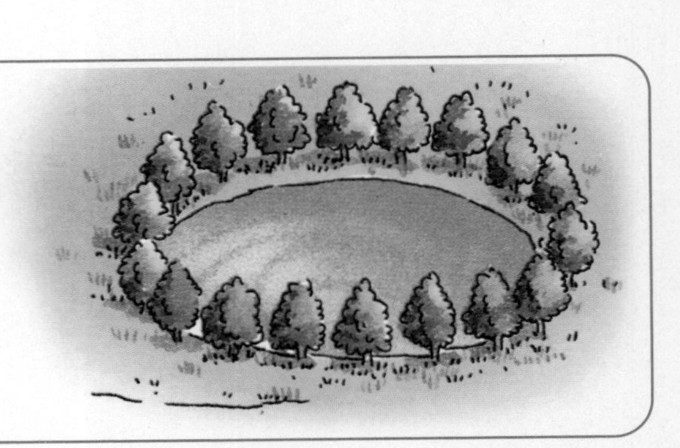

◀ 提示 ▶

先计算树和树之间的间隔有几个。

● 解法　先假设池塘边只种2棵或3棵树。

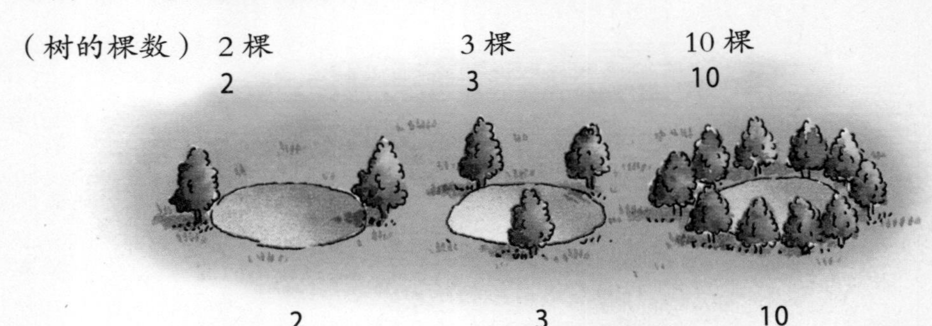

（树和树之间的间隔数）

14.7 × 18 = 264.6，答：264.6米。

■**小数的除法计算**

2 13.2米的绳子分成12等份后的长度和14.4米的绳子分成16等份之后的长度相比较，哪一种较长？长多少米？

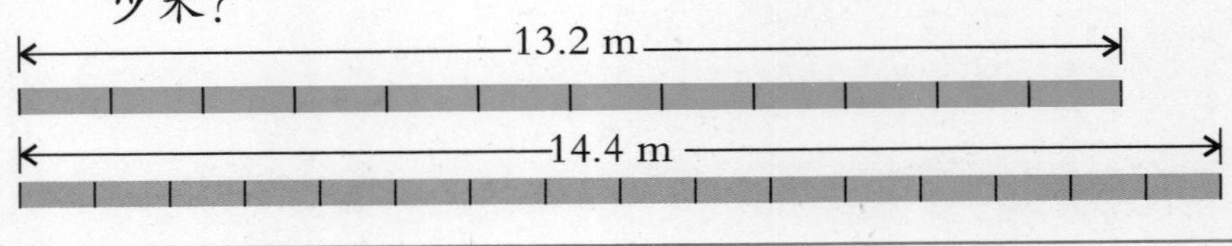

◀ 提示 ▶

先求每一等份的长度再作比较。

● 解法

把两条绳子各分成等份后，再比较每1等份的长度。

13.2 ÷ 12 = 1.1，14.4 ÷ 16 = 0.9，1.1−0.9 = 0.2

答：13.2米分成12等份后的绳子长度较长，长0.2米。

小数的乘法和除法的应用问题

3 右图是一间长方形的客厅，里面铺满了草席，每张草席的长是1.75米，长是宽的2倍。客厅的总面积是多少平方米？

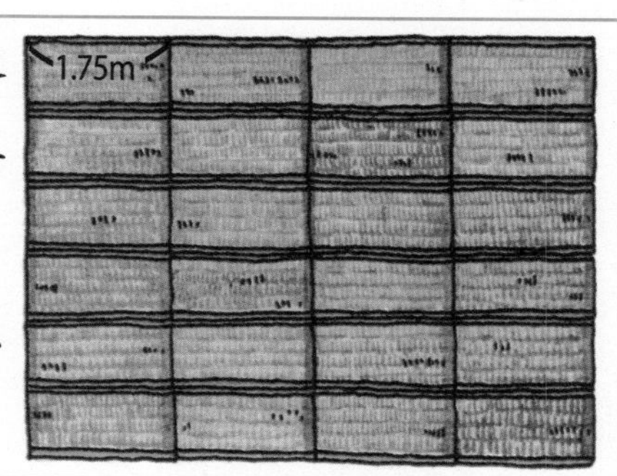

◀ 提示 ▶

草席的长是宽的2倍，所以1张草席的长度等于2张草席的宽度。

● 解法

先求出客厅的长度（1.75米的4倍）和宽度（1.75米的3倍），再求客厅的面积。

长度:$1.75\times4=7.00$（米），宽度:$1.75\times3=5.25$（米）

面积:$5.25\times7=36.75$（平方米），答：面积是36.75平方米。

4 妈妈替姐姐和妹妹缝制衣服，姐姐的一件衣服比妹妹的一件衣服多用了0.85米的布，妹妹的一件衣服需要2.3米的布。姐姐2件衣服所用的布和妹妹3件衣服所用的布，哪一块布较长？长多少米？

◀ 提示 ▶

（姐姐每件衣服所用的布）=（妹妹每件衣服所用的布）+ 0.85米。

● 解法

先算出姐姐做每件衣服所用的布，再分别算出姐姐做2件衣服的布和妹妹做3件衣服的布。

$2.3+0.85=3.15$（米），$2.3\times3=6.9$（米）

$3.15\times2=6.3$（米），$6.9-6.3=0.6$（米）

答：妹妹3件衣服所用的布较长，长0.6米。

5 长方形花圃四周的边长总共26.4米，花圃的长度比宽度多了3.4米。花圃的长和宽各是多少米？

◀ 提示 ▶

先求(长+宽)的长度。

● 解法

（长+宽）是四周边长的$\frac{1}{2}$。由右图可以看出，（长+宽）的长度减去3.4米，等于宽度的2倍。

$26.4\div2=13.2$（长+宽）

$(13.2-3.4)\div2=4.9$（宽度）

$4.9+3.4=8.3$（长度）

答：长8.3米，宽4.9米。

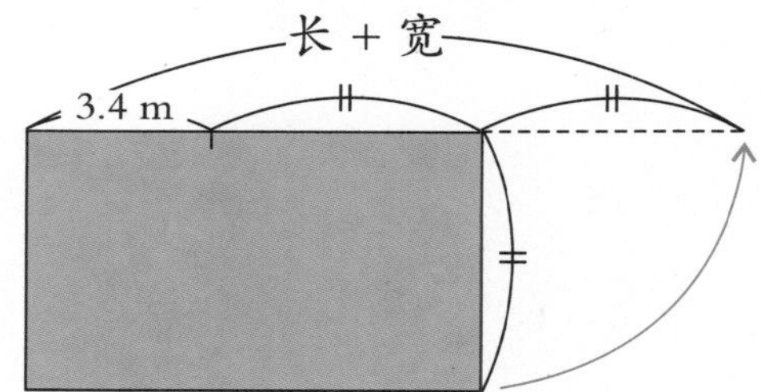

加强练习

1 用下图的四边形锁链连成一串链子，将链子连接后，如果把 50 个锁链拉直，全部的长是多少米？

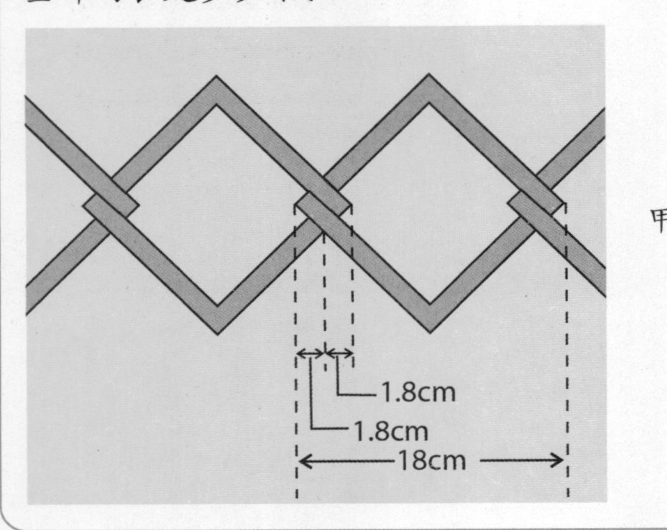

2 小明在甲、乙两点之间设立木桩，如果木桩和木桩间的距离为 2.8 米，木桩会缺 5 根。如果木桩和木桩的距离为 4.8 米，木桩刚好够用。

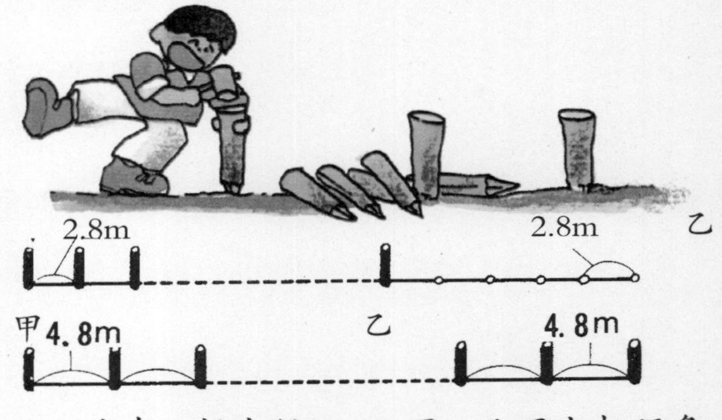

(1) 共有几根木桩？ (2) 甲、乙两点相距多少米？

解答和说明

1 首先以锁链数较少的情况举例子。上图 4 个锁链的情形如下：

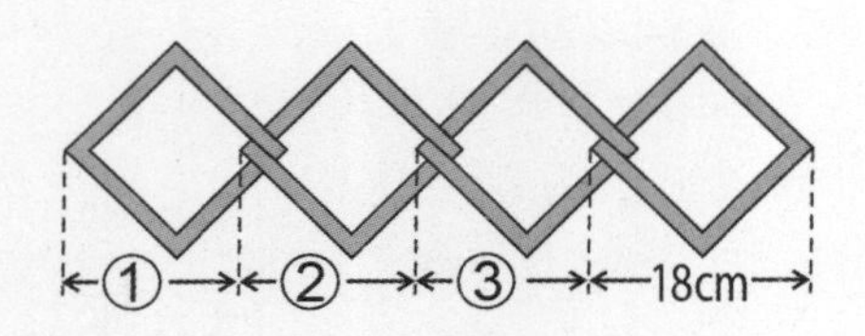

①、②、③的长度各是 $18-(1.8\times2)=14.4$（厘米），4 个锁链连接后的全长是 $14.4\times3+18=61.2$（厘米），同样地，50 个锁链相接后的全长可由下面的式子求出。$18-(1.8\times2)=14.4$，

$14.4\times49+18=723.6$（厘米）

答：全部的长是 7.236 米。

2 (1) 间隔 2.8 米的话会缺 5 根，所以未设立木桩的距离总共是 $2.8\times5=14$（米）。如果木桩间隔 4.8 米，全部的木桩刚好用完，因此，用 14 米除以（4.8 米 −2.8 米），便可求出间隔 4.8 米时木桩和木桩之间的间隔总数。

$14\div(4.8-2.8)=7$，木桩数是 $7+1=8$，答：8 根。

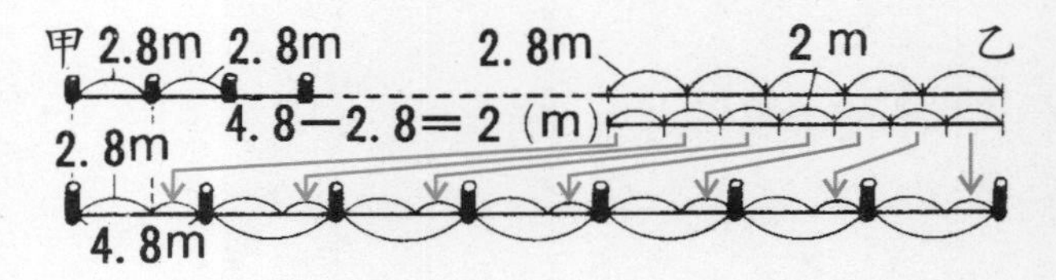

(2) 间隔 4.8 米时共需 8 根木桩，所以甲、乙两点间的距离可由下面的式子求得。

$4.8\times(8-1)=33.6$，答：甲、乙相距 33.6 米。

3 小英和小华玩猜拳游戏。每次猜拳赢的人可以前进3步，输的人必须倒退2步。猜拳10次之后，小英总共前进了6米。两人每走一步的距离是0.6米，请问小英赢了几次？

3 每次猜拳后，胜负双方的差距是5步，也就是 $0.6 \times 5 = 3$（米）。如果小英10次全胜，前进的全部距离是 $0.6 \times 3 \times 10 = 18$（米），但小英实际上只前进了6米。由下图得知，小英输后折回的距离是12米，把12米除以胜负双方每次的差距3米，便可求得小英输的次数。

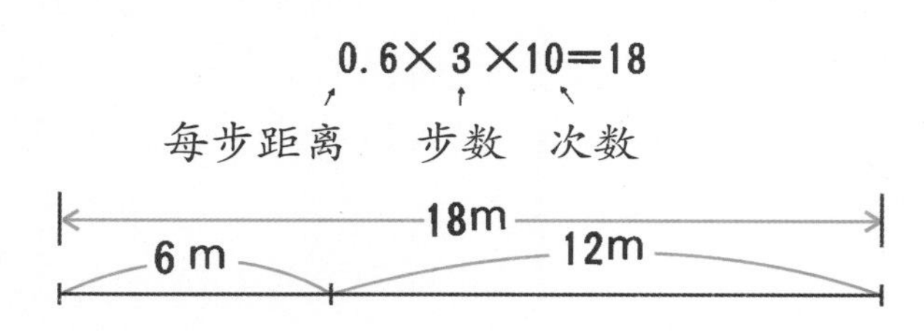

由此可知，$12 \div 3 = 4$（输的次数），$10-4=6$，即赢的次数。

答：小英赢了6次。

应用问题

1 甲柱和乙柱相距5.8米。如果在两个柱子之间装设6扇宽度相同的拉门，门和门的重叠部分（如下图）是0.2米，请问每扇拉门的宽度是多少米？

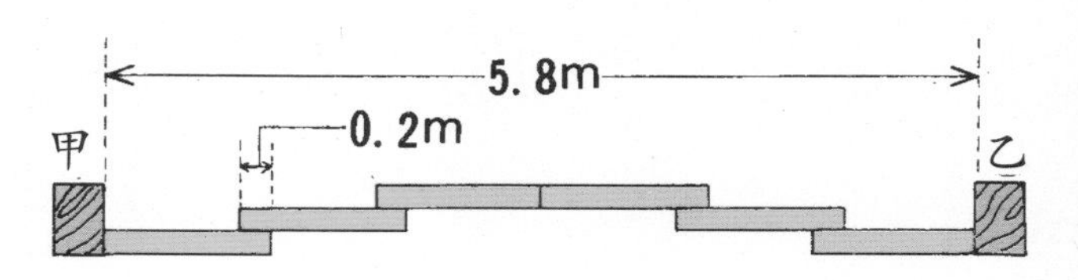

2 小明和小华一起进行300米的赛跑，小明花了40秒跑完全程，小华跑了40秒时距离终点还有32米。

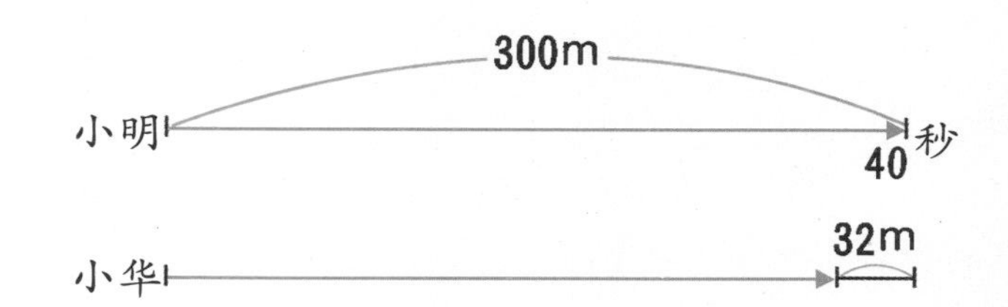

(1) 小明平均每秒跑多少米？

(2) 两人每秒所跑的距离相差几米？

(3) 小华跑完全程需要几秒钟？利用四舍五入法求到小数的第一位。

答：**1** $0.2 \times 4 = 0.8$

$(5.8+0.8) \div 6 = 1.1$

每扇拉门的宽度是1.1米。

2（1）7.5米

（2）0.8米

（3）44.8秒